住房和城乡建设部"十四五"规划教材

高等学校土建类专业课程教材与教学资源专家委员会规划教材

高等学校智能建造专业系列教材

丛书主编 丁烈云

# 工程数字化设计与软件

Digital Design and Software in Engineering

李　宁　陈维亚　主编

徐卫国　主审

中国建筑工业出版社

图书在版编目（CIP）数据

工程数字化设计与软件 = Digital Design and Software in Engineering / 李宁，陈维亚主编.
北京：中国建筑工业出版社，2024. 12. --（住房和城乡建设部"十四五"规划教材）（高等学校土建类专业课程教材与教学资源专家委员会规划教材）（高等学校智能建造专业系列教材 / 丁烈云主编）. -- ISBN 978-7-112-30692-3

Ⅰ. TB21-39

中国国家版本馆 CIP 数据核字第 20243FA394 号

《工程数字化设计与软件》旨在为工程设计领域的专业人士、学者以及对数字化设计感兴趣的人士提供全面而深入的理论框架与实践指导，深入探讨了工程设计行业在数字化转型时代的革新与发展。

本书首先剖析了工程数字化设计的必要性和紧迫性，强调在复杂多变的市场需求和环保节能要求下，传统设计方法的局限性，以及数字化设计如何通过集成建筑信息模型（Building Information Modeling，BIM）、参数化设计、性能模拟、算法生形等技术手段，实现设计的智能化、精细化与绿色化。随后，本书系统介绍了工程设计软件的主要类型、底层功能组件以及 BIM 存储标准体系，特别关注国产工程设计软件的发展现状与面临的挑战。

书中详细探讨了参数化设计与算法生形设计，包括微观、中观和宏观自然形态算法生形设计实例以及高阶应用，如编程语言在设计生成中的运用。此外，本书还涵盖了性能模拟和数据分析、自动合规性审查等关键主题，通过具体案例阐释了如何结合参数化设计与性能模拟平台，以及如何应用图像、三维模型分析和机器学习等先进技术。

本书不仅提供了丰富的理论知识，还融入了思考题与实际案例分析，旨在激发读者的创新思维，深化对数字化设计精髓的理解与应用。无论是希望提升技能的专业人士，还是渴望拓宽视野的学生与学者，《工程数字化设计与软件》都将是宝贵的资源，引领读者共同探索数字时代的无限可能，推动工程设计领域的持续创新与技术进步。

本书可作为高等学校智能建造及相关本科或研究生专业方向的课程教材，也可供土木工程、水利工程、交通工程和工程管理等相关专业的教学科研与工程技术人员参考。

为了更好地支持相应课程教学，我们向采用本书作为教材的教师提供教学课件，有需要者可与出版社联系，邮箱：jckj@cabp.com.cn，电话：（010）58337285，建工书院：http://edu.cabplink.com（PC 端）。

总 策 划：沈元勤
责任编辑：张　晶　冯之倩　牟琳琳
责任校对：张惠雯


住房和城乡建设部"十四五"规划教材
高等学校土建类专业课程教材与教学资源专家委员会规划教材
高等学校智能建造专业系列教材
丛书主编　丁烈云
**工程数字化设计与软件**
Digital Design and Software in Engineering
李　宁　陈维亚　主编
徐卫国　主审

\*

中国建筑工业出版社出版、发行（北京海淀三里河路 9 号）
各地新华书店、建筑书店经销
北京红光制版公司制版
天津安泰印刷有限公司印刷

\*

开本：787 毫米×1092 毫米　1/16　印张：13½　字数：331 千字
2024 年 12 月第一版　　2024 年 12 月第一次印刷
定价：**46.00** 元（赠教师课件）
ISBN 978-7-112-30692-3
（44455）

# 出　版　说　明

智能建造是我国"制造强国战略"的核心单元，是"中国制造 2025 的主攻方向"。建筑行业市场化加速，智能建造市场潜力巨大、行业优势明显，对智能建造人才提出了迫切需求。此外，随着国际产业格局的调整，建筑行业面临着在国际市场中竞争的机遇和挑战，智能建造作为建筑工业化的发展趋势，相关技术必将成为未来建筑业转型升级的核心竞争力，因此急需大批适应国际市场的智能建造专业型人才、复合型人才、领军型人才。

根据《教育部关于公布 2017 年度普通高等学校本科专业备案和审批结果的通知》（教高函〔2018〕4 号）公告，我国高校首次开设智能建造专业。2020 年 12 月，住房和城乡建设部办公厅印发《关于申报高等教育职业教育住房和城乡建设领域学科专业"十四五"规划教材的通知》（建办人函〔2020〕656 号），开展了住房和城乡建设部"十四五"规划教材选题的申报工作。由丁烈云院士带领的智能建造团队共申报了 11 种选题形成"高等学校智能建造专业系列教材"，经过专家评审和部人事司审核所有选题均已通过。2023 年 11 月 6 日，《教育部办公厅关于公布战略性新兴领域"十四五"高等教育教材体系建设团队的通知》（教高厅函〔2023〕20 号）公布了 69 支入选团队，丁烈云院士作为团队负责人的智能建造团队位列其中，本次教材申报在原有的基础上增加了 2 种。2023 年 11 月 28 日，在战略性新兴领域"十四五"高等教育教材体系建设推进会上，教育部高教司领导指出，要把握关键任务，以"1 带 3 模式"建强核心要素：要聚焦核心教材建设；要加强核心课程建设；要加强重点实践项目建设；要加强高水平核心师资团队建设。

本套教材共 13 册，主要包括：《智能建造概论》《工程项目管理信息分析》《工程数字化设计与软件》《工程管理智能优化决策算法》《智能建造与计算机视觉技术》《工程物联网与智能工地》《智慧城市基础设施运维》《智能工程机械与建造机器人概论（机械篇）》《智能工程机械与建造机器人概论（机器人篇）》《建筑结构体系与数字化设计》《建筑环境智能》《建筑产业互联网》《结构健康监测与智能传感》。

本套教材的特点：（1）本套教材的编写工作由国内一流高校、企业和科研院所的专家学者完成，他们在智能建造领域研究、教学和实践方面都取得了领先成果，是本套教材得以顺利编写完成的重要保证。（2）根据教育部相关要求，本套教材均配备有知识图谱、核心课程示范课、实践项目、教学课件、教学大纲等配套教学资源，资源种类丰富、形式多样。（3）本套教材内容经编写组反复讨论确定，知识结构和内容安排合理，知识领域覆盖全面。

本套教材可作为普通高等院校智能建造及相关本科或研究生专业方向的课程教材，也可供土木工程、水利工程、交通工程和工程管理等相关专业的科研与工程技术人员参考。

本套教材的出版汇聚高校、企业、科研院所、出版机构等各方力量。其中，参与编写的高校包括：华中科技大学、清华大学、同济大学、香港理工大学、香港科技大学、东南大学、哈尔滨工业大学、浙江大学、东北大学、大连理工大学、浙江工业大学、北京工业大学等共十余所；科研机构包括：交通运输部公路科学研究院和深圳市城市公共安全技术研究院；企业包括：中国建筑第八工程局有限公司、中国建筑第八工程局有限公司南方公司、北京城建设计发展集团股份有限公司、上海建工集团股份有限公司、上海隧道工程有限公司、上海一造科技有限公司、山推工程机械股份有限公司、广东博智林机器人有限公司等。

　　本套教材的出版凝聚了作者、主审及编辑的心血，得到了有关院校、出版单位的大力支持，教材建设管理过程严格有序。希望广大院校及各专业师生在选用、使用过程中，对规划教材的编写、出版质量进行反馈，以促进规划教材建设质量不断提高。

中国建筑出版传媒有限公司

2024 年 7 月

# 前　　言

《工程数字化设计与软件》旨在为工程设计领域的专业人士、学者以及对数字化设计感兴趣的读者提供一套全面而深入的理论框架与实践指导。随着信息技术的迅猛发展，数字化转型已成为工程设计行业的必然趋势，它不仅重塑了设计流程，更深远地影响了工程项目的规划、执行乃至整个生命周期管理。

在本书的筹备与编写过程中，作者依托各自在建筑学、土木工程、数字建造与工程管理等领域的深厚学术背景和丰富实践经验，携手整合最前沿的研究成果与技术应用案例，力图展现数字化设计的广阔图景与深刻内涵。

本书首先概述了工程数字化设计的必要性和紧迫性，指出在面对复杂多变的市场需求和环保节能要求下，传统设计方法已无法满足高效、精准、协同的工作需求。然后，阐述了数字化设计的核心价值，即通过集成信息模型、参数化设计、性能模拟、算法生形等技术手段，实现设计的智能化、精细化与绿色化。接着，还简要介绍了本书的结构布局，从工程数字设计概要到工程设计软件，再到参数化设计与算法生形、性能模拟和数据分析、自动合规性审查，直至数字化协同设计与建造对接等章节，每一部分都旨在为读者搭建起从理论到实践的知识桥梁。

本书由李宁、陈维亚担任主编，徐卫国担任主审。编写分工如下：第1、2、5、6章由陈维亚编写；第3、4章由李宁编写；第7章由李晓岸编写；第8章由王帆编写。本书的主要内容旨在指导教学并能应用到实际项目中，已建成配套核心课程、配套建设项目、配套课件并上传至虚拟教研室，很好地完成了纸数融合的课程体系建设。

我们希望本书不仅能成为专业人士提升技能、拓宽视野的宝贵资源，也能激发学生与学者的创新思维，推动工程设计领域的持续创新与技术进步。书中涵盖的思考题与实际案例分析，更是意在促进读者主动思考，深化对数字化设计精髓的理解与应用。让我们共同探索这一充满无限可能的数字时代，携手推进工程设计行业的未来发展。

# 目　　录

**知识图谱**

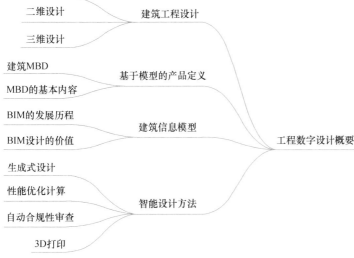

主要阶段和内容

二维设计 ——— 建筑工程设计

三维设计

建筑MBD ——— 基于模型的产品定义

MBD的基本内容

BIM的发展历程 ——— 建筑信息模型

BIM设计的价值 ——— 工程数字设计概要

生成式设计

性能优化计算 ——— 智能设计方法

自动合规性审查

3D打印

# 工程数字设计概要

**本章要点**

知识点 1. 工程设计的发展历程

从二维设计到三维设计：从二维图纸到三维 CAD 软件的应用。

基于模型的产品定义（MBD）：三维数据模型的应用。

建筑信息模型（BIM）：BIM 技术的引入与应用。

知识点 2. 建筑信息模型（BIM）

BIM 的发展历程：从欧美到中国的应用与发展。

BIM 的价值：支持正向参数化设计、多方协同设计、仿真驱动的设计计算。

知识点 3. 智能设计方法

生成式设计：基于 AI 的生成式内容创作。

数据与知识混合驱动：性能优化计算与自动合规性审查。

3D 打印：在建筑领域的应用。

**学习目标**

（1）理解工程设计的发展历程：掌握从二维设计到三维设计、MBD、BIM 等技术变革。

（2）熟悉 BIM 技术：了解 BIM 的发展历程、核心价值及应用场景。

（3）掌握智能设计方法：学习生成式设计、性能优化计算、自动合规性审查等智能设计手段。

设计是建筑工程的起点，几千年来人类一直在探索和思考如何将设计思维进行具象化表达，以支持后续的施工建造。在古埃及，人们开始在墙壁和石板上用二维图画表达建筑构思，在壁画中生动地描绘了当时的房屋与金字塔。公元 105 年，蔡伦发明了造纸技术，并在 12 世纪左右引入欧洲。从此，人类进入了使用二维图纸来表达设计和指导实际施工的时代。在漫长的岁月里，图纸一直扮演着信息传递的角色，成为设计沟通和实际施工过程中的物质中介。

随着计算机和信息技术的不断发展，计算机和计算技术开始渗透到社会各领域中，建筑工程设计深受其影响，计算机辅助建筑设计（Computer Aided Architectural Design，CAAD）成为建筑设计领域的主要手段。经过长时间的研究和实践，计算机辅助建筑设计不断发展，大量的工程设计软件不断涌现。现如今，工程设计行业已基本实现全面的数字化设计，部分已开始智能化设计的尝试（图 1-1）。

无论是房屋建筑工程还是市政、基础设施建设，都面临越来越复杂的环境与设计要素，在满足各项技术经济指标的情况下，需要寻找新的技术途径与设计方法，进一步提升设计效率和品质。在 21 世纪信息化技术的浪潮下，工程设计将沿着图纸定义、模型定义到软件定义的道路持续发展。

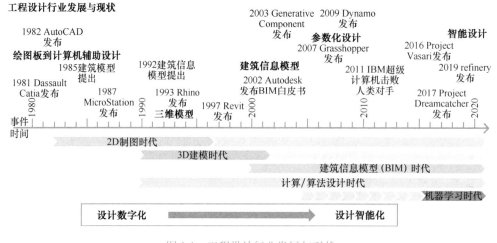

图 1-1    工程设计行业发展与现状

## 1.1    建筑工程设计

作为工程设计的重要组成部分，建筑设计是指建筑物在建造前，设计者按照建设任务，将不同粒度的建筑对象和施工过程进行模拟推演，再用图纸或其他媒介表达出来的过程。

### 1.1.1    主要阶段和内容

建筑工程设计过程按工程项目复杂程度、规模大小及审批要求，划分为不同的设计阶段。一般分为两阶段设计或三阶段设计。工程多采用两阶段设计，包含初步设计和施工图设计两个阶段。对于大型民用建筑工程或技术复杂的项目，则采用三阶段设计，即初步设计、技术设计和施工图设计。在初步设计的方案设计过程中，主要是设计工作人员依靠自己的创意及经验建立多个设计方案，此时大多数设计仍处于十分模糊的状态；在施工图设计阶段，主要是在初步设计确定的框架约束下，对上一阶段的设计内容进行完善。施工图是建筑设计的主要成果，需要将精确和完整的设计内容展示出来。该阶段涉及的设计工作复杂，涉及的内容也比较多，需要对美观、结构、经济等因素进行充分考虑。施工图设计阶段十分重视不同环节之间的协调配合，需要进行反复的优化调整，并对施工图进行修改完善，以求将设计理念清晰地呈现给业主和施工人员。

初步设计的内容一般包括设计说明书、设计图纸、主要设备材料表和工程概算四部分。

技术设计阶段的主要任务是在初步设计的基础上进一步解决各种技术问题。技术设计的图纸和文件与初步设计大致相同，但更为详细。具体内容包括：整个建筑物和各个局部的具体做法、各部分确切的尺寸关系、结构方案的计算、内外装修的设计和具体内容、构造和用料的确定、各种设备系统的设计和计算、各技术工种之间各种矛盾的合理解决、设计概算的编制等。

施工图设计是建筑设计的最后阶段，其成果是提交施工单位进行施工的设计文件。施工图设计的主要任务是满足施工要求，解决施工中遇到的技术措施、用料及具体做法等方面的问题。施工图设计的内容包括建筑、结构、水电、采暖通风等工种的设计图纸、工程说明书，结构及设备计算书和预算书。

## 1.1.2 二维设计

目前，建筑设计工作通常以二维设计平台为基础。二维的建筑设计通常采用图 1-2 所示的计算机辅助设计（Computer Aided Design，CAD）软件进行制图。CAD 软件生成的图纸方便修改和重复操作，因而在建筑行业被普遍应用。但是，CAD 软件也有一些局限性，这种二维设计平台无法满足人们对三维空间表达的需求，也带来一些不便。另外，

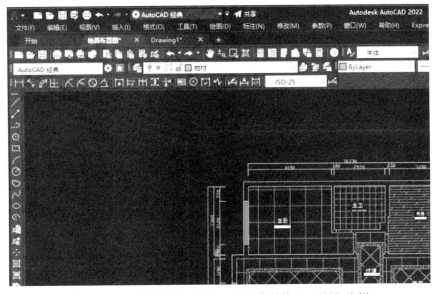

图 1-2　CAD 软件界面（以 Autodesk 公司的 AutoCAD 为例）

CAD 技术能比较准确地在电脑上表达出方案，但是却很难用于展现设计人员模糊的创作灵感，有时这种精确的绘图反而会限制设计人员的灵感，因此不适合用于初步设计阶段的方案设计。二维设计视图下，虽然可以非常精确地表达空间尺寸和分布，但对于复杂曲线曲面构成的空间表达和推敲，却有先天的缺陷。

除此之外，当前建筑的复杂程度通常需要多名设计师协同进行工作（见第 6 章），而二维的工作界面使多专业协同变得困难。比如，暖通专业和机电专业通常需要共用设备空间，在缺乏了解彼此设备精确的三维分布的情况下，即使在平面视图中没有空间的冲突，在实际施工时还是会出现管线的"碰撞"。另外，二维设计中简化的图元表达（比如门、窗等）虽然适合工程人员阅读，但很难体现完整的空间信息，无法支持绑定更多的建筑语义信息。由此可见，采用 CAD 软件的二维建筑设计虽然可以满足当前大部分设计需求，但它的诸多局限使它难以成为支持未来工程设计的主要工具。

### 1.1.3　三维设计

我们生活在三维空间中，以平、立、剖三视图为代表的二维投影视图是对三维空间及物体的简化表达，方便设计人员在平面媒介上表达立体对象。随着计算机图形技术的持续发展，人们开始能够在计算机上模拟三维空间和三维物体。迄今为止，世界上已出现众多三维建模软件，主要包含以机械制造为目标的工业设计软件和以建筑、基础设施为对象的工程设计软件。工程设计软件的不断完善与成熟，为建筑设计提供了更为丰富的技术手段，使诸如大兴机场等复杂的超级综合体的高效设计成为可能。

三维环境下的设计除了可以解决上文中介绍的二维设计的诸多局限性问题，还为新的设计建造方式提供了基础。首先，三维设计更符合人类面向对象的思考习惯，即将建筑设计分解为一系列空间的组合和建筑构件的组合，在三维模型上可以附加各种服务设计和建造过程的数据。以 Revit 为代表的三维设计软件（图 1-3），除了提供几何造型的能力，更添加了以族、类、构件为代表的一系列对象及属性管理机制，便于设计师添加如材质、造

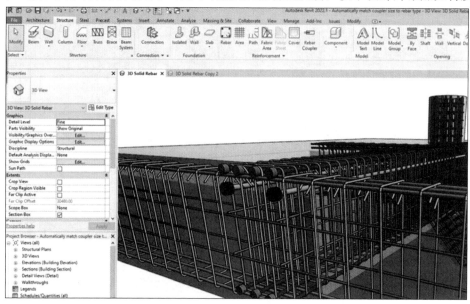

图 1-3　建筑信息模型制作软件（以 Revit 为例）

价等各种属性的数据，使设计模型从单纯的几何模型变成富含语义信息的建筑信息模型。建筑信息模型不仅能作为设计成果，还可以成为建筑全生命周期管理的数据基础。

其次，三维设计使更高水平的设计方案可视化成为可能。以 Lumion 为代表的建筑设计可视化软件，通过逼真的渲染和仿真能力，让不懂建筑专业设计语言的相关方（比如业主和用户代表）也可以参与设计过程，为设计意图的传达和贯彻提供了有力的保障。计算机图形学和人机交互技术的进步，让设计师可以将建筑设计方案和周围环境以贴近真实的渲染效果展示出来，并支持虚拟漫游等互动操作，甚至以虚拟现实的方式提供沉浸式的体验，这些都是以建筑的三维模型为基础的。

当然，三维设计工具的出现并不代表二维设计逻辑将被完全取代，我们仍需要各种二维视图支持高效的设计过程与施工指导，比如建筑的立面图、平面图等都能对设计成果进行直观的展示。唯一不同的是，这些二维视图应当从建筑信息模型中生成，而不是在二维空间中直接进行构思。

三维建筑设计技术对建筑空间进行了直观的表达，各参与方不需要通过二维三维的思维转换，大大提高了沟通和生产效率，降低了因理解不同造成出错的可能性。当在计算机中建立建筑的三维数字模型后，工程师就可以在该模型上进一步推进后续环节的设计和建造工作了。

## 1.2　基于模型的产品定义

大型工业产品对上下游资源整合的需求催生了模型定义技术的发展。在工程中，仅依靠三维数据模型进行加工仍然存在不足，三维数据模型往往很难直接进行产品生产和检验，即模型无法表达图纸中的所有工艺信息，也无法包含生产技术、模具设计和生产、零件加工、零件和产品检验等过程所需的设计意图。虽然三维数据包含了二维图纸所不具备的详细形状信息，但三维模型数据无法直接表达一些非几何信息，例如尺寸公差、表面粗糙度、表面处理方法、热处理方法、材质、颜色、特定规范和标准等。此外，三维数据模型还缺少可以更灵活合理地传达设计意图的关键部件的放大图和剖面图等。因此，为了实现使用三维数据模型传递全部设计信息的目的，必须明确数字化定义应用的形态，从而解决标注信息的表达和显示问题，即三维设计并不是简单地以三维几何呈现设计成果，而需要将所有的设计信息成体系地与三维几何数据进行集成，实现模型定义产品、数据驱动生产。

早在 1997 年，美国机械工程师协会就在波音公司的协助下发起了三维标注技术及其标准化的研究，并于 2003 年形成了美国国家标准《数字化产品定义数据实施规程》ASME Y14.41—2003。随后，UG、PTC、Dassault 等公司将该标准应用于各自的 CAD 系统中，对 3D 标注进行了支持，使三维数据模型作为唯一制造依据成为现实。ISO 组织借鉴 ASME Y14.41 标准制定了 ISO 16792 标准，日本汽车工业协会以 ASME Y14.41 标准以及 ISO 16792 标准为蓝本，于 2006 年底出台日本汽车工业的相关行业标准。我国也在相关领域逐步推出了国家标准，建立了模型定义产品的基本数据框架。

## 1.2.1 建筑 MBD

与制造业相比，基于模型的定义技术在工程建造领域的研发与应用则相对滞后。建造行业虽然与制造业有诸多相似之处，可以横向借鉴制造业的模型定义技术体系，但是建筑业本身的特点决定了简单的模式复制不可能奏效。首先，建筑工程的时间周期一般较长，这导致其过程中产生的数据量大，加上中途可能有多次人员变更，数据资源整合的成本很高；其次，不同于制造业相对固定的生产流程与环境，建筑工程的施工过程为开放的泛场景，人员、材料、设备、工法等各种工程要素存在一定程度的不确定性，很难在设计阶段进行信息确认；最后，建筑行业覆盖面广，产业链分工高度碎片化，规划、设计、施工和运维各个阶段由不同主体完成，各主体间的数据共享不仅面临技术难题，也存在管理问题。因此，制造业形成的从 CAD 到计算机辅助工程（Computer Aided Engineering，CAE），再支持计算机辅助制造（Computer Aided Manufacturing，CAM）的基于模型的产品定义方法需要进行一定程度的改造，才能实现从设计到建造施工的有效数据传导。

1975 年，Chuck Eastman 提出了"建筑描述系统"（Building Description System，BDS）概念。20 世纪 80 年代初，匈牙利 Graphisoft 公司提出了"虚拟建筑"（Virtual Building，VB）概念，并以之为指导开发了 ArchiCAD 系列软件。美国 Bentley 公司则提出"单一建筑信息模型"（Single Building Model，SBM）概念，并将其融入建筑专业建模软件 Bentley Architecture 以及跨专业建筑信息建模软件 AECOsim Building Designer 的开发中。2002 年，Autodesk 公司收购 Revit，提出了"建筑信息模型"（Building Information Modeling，BIM）概念，在行业内掀起了 BIM 的浪潮。虽然在 BIM 概念广泛传播之前出现了不同的名词描述，其相同的内核在于：建筑的全生命周期管理应该由一组带有空间信息的模型数据来驱动。在基于模型的产品定义技术的支持下，结合人工智能技术，将推动工程设计进入"计算设计"时代。

## 1.2.2 MBD 的基本内容

如今，基于模型的定义（Model Based Definition，MBD）已经是一种在制造业被广泛认可的数据使用范式。MBD 代表了一种采用三维模型完整表达产品相关信息（如设计数据、工艺数据、检测数据和服务数据等）的数字化表达方式。MBD 这一技术体系的出现加速了工业品更新换代的速度，改变了设计工程师的工作方式。同时，随着数字化产品定义技术研究的深入，围绕数字化产品定义数据及过程的管理与应用技术也随之出现，引起了整个制造业生产管理技术的彻底变革。自大规模工业化生产以来，数字化产品定义经历了从二维到三维模型发展的过程，同时也出现了数字化产品定义协同管理技术与产品数据全生命周期管理技术，并向更高的知识管理技术发展。

基于模型的定义是由精确几何实体、相关 3D 几何、3D 标注及属性构成的数据集的完整产品定义。三维实体模型的属性信息包括但不限于以下内容：单位制、材料、公差标准、精度、参数完整性、三维标注完整性等。这些三维模型的属性信息必须准确，才能确保最终加工的产品为合格的产品。传统的方法是通过统一设置零件的模板来保证其单位制、材料、公差标注、精度等属性的一致性，但是这种方法只能确保模型中附带相应的参数，对于参数值的填写与否或填写的值准确与否则没有相应的工具进行保障。

MBD 技术的出现使制造模式真正进入三维数字化设计与制造阶段，二维图纸只是在特定条件下作为模型的一种辅助表达方式。MBD 使复杂产品设计、制造模式发生了根本变化，三维产品、工装数据成为所有工作中的唯一制造依据，可实现三维数字化、无图纸设计制造，通过网络把产品、工装三维数据和工艺数据传递给现场作为操作依据，不仅改善了生产现场工作环境，而且结合激光跟踪测量技术对产品、工装进行测量装配，简化了产品设计和管理过程，缩短了产品研制周期。

MBD 技术的优点主要体现在以下几点：

首先，由于 MBD 数据模型以三维模型为核心，集成了完整的产品数字化定义信息。因此，在后续生产研制的各个环节中，所有技术人员或操作工人无须阅读二维图纸及在大脑中形成产品立体模型并理解设计意图后再进行后继工作，而是从三维模型中直观地理解设计信息。这种三维的数据表达方式更能准确、直接地反映设计人员的设计意图，并被其他使用人员理解，降低因数据理解不一致导致出错的可能性。

其次，MBD 技术改变了传统方法下二维图纸的产品定义表述模式，不用再生成、维护与管理大量零散的工程图或工程图纸数据。对于结构复杂、零部件数量众多、更改频繁的复杂产品，二维图纸的生成、更改与维护工作量大，管理工作困难，MBD 建立了产品各部件、各版本之间的关联与追溯关系，保证数据的一致性与完整性。

最后，MBD 技术有利于工程的并行开展。由于 MBD 数据模型包含了设计、工艺、制造、检验等各部门的信息，在数据管理系统和研制管理体系的控制下，各职能人员可以共同在一个未完成的三维产品模型上协同工作，提高了设计效率，同时也提高了产品的可制造性。

## 1.3 建筑信息模型

BIM 作为建筑 MBD 的代名词，利用计算机三维软件工具创建包含各种详细工程信息的建筑工程数据模型，可以为建筑工程中的设计、施工和运营等过程提供协调的、内部保持一致并可进行运算的信息模型。

### 1.3.1 BIM 的发展历程

BIM 的应用和发展由主流工程软件厂商联合不同国家的政府、大型工程企业进行推动。美国采用政府引导、市场依托的发展模式，大力发展 BIM 技术，目前相关技术水平位于世界领先列列。美国于 2007 年发表了全球第一部成体系的 BIM 标准，该标准详细制定了 2020 年前的具体实施方案，分三阶段推行 BIM 技术。在欧洲多个国家，如德国、法国，以及一些英联邦国家，如英国、新加坡等，BIM 已经得到了广泛应用。我国在引入相关国际标准后，围绕 BIM 软件生态也开展了一系列工作。根据我国住房和城乡建设部在 2016 年发布的《建筑信息模型应用统一标准》GB/T 51212—2016 中对 BIM 的定义：BIM 是在建设工程及设施全生命期内，对其物理和功能特性进行数字化表达，并依此设计、施工、运营的过程和结果的总称。《美国国家建筑信息模型标准》（National BIM Standard-USTM，简称 NBIMS-US）中对 BIM 的定义如下：

（1）BIM 是建筑对象物理和功能特性的数字化表达；

（2）BIM 作为一个建筑对象的共享信息资源，能为项目全生命周期的决策提供可靠基础；

（3）BIM 是一种基于互用性开放标准的共享数字化表达。

BIM 技术在项目中应用的基本条件是，不同的项目利益相关者在建筑对象全生命周期的不同阶段利用 BIM 进行协同工作，以达到插入、提取、更新和修改项目信息的目的，而 BIM 在这一过程中支持和反映各个利益相关者在项目中扮演的角色。

综上所述，目前世界各主要经济体都已有 BIM 的相关规范与实践，在一定程度上验证了基于模型的产品定义在建筑行业的可行性。BIM 这一概念虽然早已进入我国，但由于多种原因一直未能发挥预期的效果，在不断深化认识和建立相关软件标准和生态的同时，我国工程行业仍在探索适合于本国的 BIM 发展与应用路径，期待真正实现模型驱动的工程建设。

### 1.3.2　BIM 设计的价值

BIM 是以建筑工程项目的各项相关信息数据为基础而建立的建筑模型。具体到工程设计阶段，其价值主要体现在支持正向参数化设计、多方协同化设计和仿真驱动的设计计算三个方面。

#### 1. 正向参数化设计

运用 BIM 技术能较直观地展现出建筑的三维实体模型，降低对复杂建筑空间的设计难度，有效解决非线性建筑或局部复杂部位的深化设计难题。另外，通过建模过程中构件和空间的关联互动关系，在 BIM 建模过程中确定参数化规则，在修改三维模型时可随时根据需要导出建筑不同部分的平面图、立面图和剖面图，保证了整个设计方案的一致性和系统性，大大提高了设计效率和质量。通过正向设计得到的建筑模型本身即在三维空间中表达，可进一步支持对设计方案不同阶段的成果进行直观的可视化展示。当前，如建筑采用二维设计，许多用于投标或沟通设计方案时所用的三维效果图为专业的效果图团队制作，这为业主带来了额外的投入成本。如采用 BIM 进行三维正向设计，则可以在一定程度上直接利用 BIM 作为与业主的互动与沟通工具。

#### 2. 多方协同化设计

不同于二维设计中采用图层进行协作，在采用 BIM 进行协同设计时，可直接将不同来源的 BIM 构件进行组合（俗称"合模"）。当统一了 BIM 模型的坐标原点后，不同专业的设计师可以独立工作，借助碰撞检查等 BIM 工具，通过相互提资，将各专业的设计成果最终合并到一个统一的建筑信息模型中，推动后续的设计深化工作，大大提高了信息交互的效率，减少设计错误，保证建筑信息在设计团队内部的及时传递。另外，运用 BIM 技术可以随时进行材料或构件的用量统计，方便可靠地控制建筑造价，实现不同建筑设计方案各项经济技术与性能指标的平衡。例如，在对暖通（供热、供燃气、通风及空调工程）等专业中的管道进行布置时，可能遇到其他专业的构件阻碍管线排布的问题。当然，BIM 的协调作用也不止应用于解决各专业间的碰撞问题，它还可以解决电梯井布置与净空要求的设置、防火分区与其他设计布置的协调问题。

#### 3. 仿真驱动的设计计算

基于 BIM 模型中的建筑数据，通过在设计软件中安装插件，或者直接将设计数据导入专用的建筑性能分析软件，设计师能够在数字建筑模型上完成建筑采光、能耗、结构受力等不同方面的模拟分析，借此可以优化设计思路和方案，大大提高设计方案的安全性和合理性。基于 BIM 的模拟还包含紧急疏散、极端灾害等情况下的建筑性能指标，以及模拟建筑施工过程中的进度预演，实现 4D 模拟（3D 模型加项目的发展时间），便于设计师进一步推敲设计方案。对建筑设计方案的充分模拟，类似于工业制造中的 CAE，将为后续建造工作的推进提供更好的保障。

## 1.4  智能设计方法

建筑 MBD 提供了各类数字工程应用的数据基础，结合人工智能技术和先进制造技术，产生了许多新的设计方法，包括基于人工智能的生成式设计、数据与知识混合驱动的模拟仿真、基于空间分析和自然语言处理的自动合规性审查，以及新型增减材打印或预制技术等方向。

### 1.4.1  生成式设计

在传统计算机辅助工程设计中，设计创意主要来自设计师，经过与业主的深入沟通，多轮迭代后逐步深化，完成设计工作。在整个过程中，计算机仅作为设计工具，执行绘图和建模任务。随着计算机运算能力的持续增长和人工智能算法的突飞猛进，出现了众多人工智能生成内容（Artificial Intelligence Generated Content，AIGC）方法，可以由计算机通过计算生成部分或者整个建筑，形成一种新的工程设计方法——生成式设计（或生成设计、算法生形）。

生成式设计目前有两大类技术实现路径：首先，可以通过建立设计对象的参数化模型和组件关系，结合遗传算法、粒子群算法或其他经典优化算法，迭代寻找满足设计要求的参数组合。其次，各种深度学习方法通过对大量已有方案的学习，掌握端到端的设计方案生成能力。目前，AIGC 类方法已经可以生成各种建筑效果图，并向生成三维模型的方向发展，具体内容将在第 3 章进行介绍。

### 1.4.2  性能优化计算

工程产品需要满足多种技术经济指标和性能指标，在建造活动开展前或过程中对未开展的工作进行模拟仿真，可以起到提前发现问题或者优化资源分配、优化产品性能的作用。在设计阶段，可以利用计算机仿真工具对工程设计方案进行虚拟仿真分析，满足舒适、节能、环保等工程性能要求。

所谓仿真，是一种基于模型的活动，即对现实世界的物理系统进行一定程度的抽象，模拟其相互作用规律，涉及物理力学、光学等多学科、多领域的知识和经验。具体来说，工程产品性能仿真又可分为以下几种类型：工程结构性能仿真、工程环境影响仿真、声场仿真模拟、工程环境美学性能仿真等。工程设计不仅要关注建筑实体的性能目标，还要考虑工程与周边环境是否协调，包括日照、风、雨雪、温度以及周边的地理景观等。

性能优化计算通过对设计方案进行参数化建模，采用运筹学或机器学习领域中的各类优化算法，寻找一定规则边界内的较优解或最优解，达到优化工程产品性能的目标，具体内容将在第 4 章进行讨论。

### 1.4.3　自动合规性审查

按照现行工程规范，设计方案需要向政府相关管理部门报审，完成建筑、结构、机电、抗震、消防、人防等方面的合规性审查，以确保工程设计满足现行规范的要求。另外，在设计过程中，设计单位往往需要在不同阶段进行内部审查，以确保设计质量。以建筑工程设计质量为例，由于建筑、结构、机电管线系统一般都是由不同专业分工协同设计，经常会在空间上发生冲突和碰撞等设计质量问题，利用 BIM 检查分析软件可以实现可视化的碰撞检查，并自动生成碰撞报表，优化管线排布方案，提高设计质量。

随着对人工智能中自然语言处理和规则表达方面研究的进展，目前已有大量研究工作围绕自动合规性审查这一目标开展，以期减少合规性审查中需要大量人工填写数据和人工进行规则判断的工作，提高设计效率，具体内容将在第 5 章进行介绍。

### 1.4.4　3D 打印

当前，3D 打印已成为制造领域的常见模式，通过增材或者减材（铣、削等方式）制作出复杂形状的工程制品。在建筑领域，通过将 BIM 技术与基于混凝土、金属、陶瓷等材料的 3D 打印技术结合，可以制作出一般建造方式难以完成的复杂构件或建筑造型，或者完成建筑物的缩尺模型。基于 3D 打印的建筑设计和建造，模糊了工业制造和建造的边界，是模型驱动建造的典型应用场景，如何采用智能算法完成设计模型和打印装备的数据对接是其核心问题，具体描述见第 7 章。

## 本章小结

建筑工程设计的过程十分复杂，结构、暖通、给水排水等专业设计并存，各个专业自成体系但又密切相关。学习数字化设计方法，除了学习相关建模、分析和管理软件外，还应该系统性地掌握工程建筑的整体框架，了解与设计相关的智能算法和工具，具备在新的技术背景下快速掌握新的设计技能的能力。

当下，虽然相关标准仍在普及完善，数字化设计已经成为通行的设计工作模式，而智能设计将数字化进一步延伸。通过引入人工智能、大数据分析和 3D 打印等技术，进一步拓展数字设计的边界。智能化应用能够利用数字化的数据和信息进行智能决策、自主学习和自动执行，提供智能的服务和解决方案。建筑智能化的实现路径与工业领域的"黑灯工厂"类似，但建筑智能化由于建筑领域因地制宜的条件以及复杂的实现过程，使得建筑智能化必然要走一条不同于工厂的道路。

本章主要介绍了工程数字设计的主要发展过程，由"甩图板"运动，到 CAD 向 BIM 的过渡，工程设计仍在由图纸驱动向模型驱动的过程中演变。模型驱动的数字化设计将为后续施工和运维环节提供数据基础，为全生命周期精益管理提供蓝图。

# 思考题

1. 请分析 MBD 技术在工程设计中的意义。
2. 请阐述建筑信息模型的含义。
3. 为什么说基于模型的定义是智能设计的基础？

# 工程设计软件

## 知识图谱

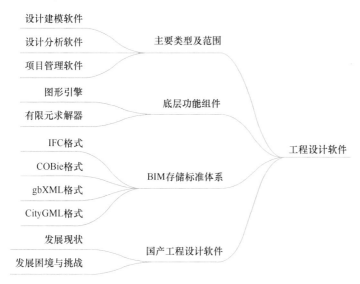

## 本章要点

知识点 1. 工程设计软件的主要类型及其功能。

知识点 2. 工程设计软件底层功能组件。

知识点 3. BIM 存储标准体系。

知识点 4. 国产工程设计软件的发展现状与挑战分析。

## 学习目标

（1）理解工程设计软件的主要类型及其功能：掌握设计建模软件、设计分析软件和项目管理软件的定义、特点及应用范围。

（2）了解工程设计软件的底层功能组件：深入理解图形引擎、有限元求解工具等关键技术及其在工程设计软件中的作用。

（3）熟悉 BIM 存储标准体系：掌握 IFC、COBie、gbXML、CityGML 等 BIM 存储标准的特点及应用。

（4）分析国产工程设计软件的发展现状与挑战：了解国产软件在功能、性能、稳定性等方面与国际先进水平的差距，探讨其面临的困境及未来发展方向。

（5）提升工程设计软件的应用能力：通过本章的学习，提高在工程设计实践中选择合适的软件工具、解决实际问题的能力。

　　工程设计软件是专门用于协助设计专业人员进行工程项目规划、设计、分析和模拟的计算机程序。这些软件具有广泛的功能和应用领域，可以用于各种类型的土木工程项目，包括建筑、道路、桥梁、水利、环境工程等。工程设计软件的功能包括设计建模、模拟分析、可视化、文档生成、协作、法规检查和可持续性分析等。土木工程设计软件是现代土木工程项目不可或缺的工具，这些软件有助于提高设计的准确性、效率和质量，加速项目的完成，并确保项目符合相关法规和标准。

## 2.1　主要类型及范围

　　工程设计软件是多种多样的，根据其主要功能，我们将工程设计软件分为设计建模、设计分析、项目管理三类。

### 2.1.1　设计建模软件

　　设计建模软件是在工程建设项目中将设计人员的设计意图表现为二维、三维图形或模型的软件。将设计成果以图形绘制或三维模型的形式进行表达，使得相关专业人员能够基于设计结果进行一系列后续分析、建设、管理工作。因此，设计建模软件作为一种基础通用类的工程软件，为设计分析软件、工程项目管理软件提供了基础数据。常见设计建模软件分为建筑三维造型软件和 BIM 建模软件。

　　建筑三维造型软件主要面向几何建模，通过直接在三维空间中绘制和编辑几何体进行建筑设计。这些软件在基础几何建模、复杂形态建模、参数化设计等方面各有侧重，为建筑师提供了广泛的工具选择。基础几何建模类软件专注于快速构建简单几何形状，界面直观，操作简便，易于入门，适用于概念设计阶段，帮助设计师快速表达设计意图，常见代表有 SketchUp、Tinkercad、FormIt 等。复杂形态建模与参数化设计软件专注于创建复杂几何体，特别是复杂的曲线、曲面和不规则几何形态建模，适合需要精细化设计的项目，常见代表有 Rhinoceros（简称 Rhino）、3Ds Max、Autodesk Maya 等。

　　除了几何造型软件外，另一类专门针对建筑信息建模的软件被称为 BIM 建模软件。在 BIM 模型中，组成模型的单元是以建筑构件的形式存在的，建筑构件包含了构件的几何图形和各类属性。BIM 模型一般是通过 BIM 软件平台搭建的，不同的专业有不同的 BIM 软件。目前建筑行业主流的 BIM 软件主要包括 Autodesk 的 Revit Architecture、Bentley 的 Architecture、Digital Project、ArchiCAD；结构专业包括 Autodesk 的 Revit Structure、Bentley 的 Structural、Tekla 的 Structures 等；水暖电专业包括 Autodesk 的 Revit MEP、Bentley 的 Building Mechanical Systems 等。经过近十余年的发展，国内工程软件行业也有了长足的发展。

　　Revit 系列软件是目前使用最广泛的 BIM 软件，可以通过 IFC 格式文件导出到其他性能模拟软件中进行模型分析。图 2-1 展示了 Revit 建筑建模的功能界面。建筑师主要利用 Revit 系列软件进行设计深化、施工图设计、碰撞检查和性能模拟工作。

### 2.1.2　设计分析软件

　　面对工程建设项目中各类复杂的工程分析问题以及对分析结果准确性的高要求，工程

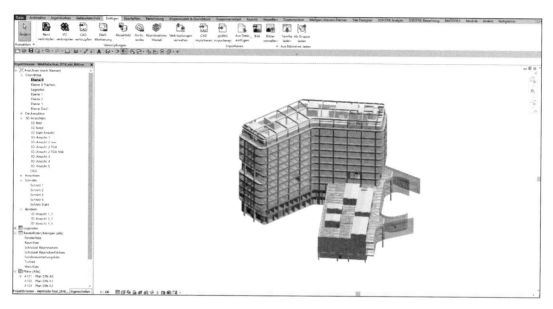

图 2-1　Revit 主要界面截图

设计分析软件应运而生。工程设计分析软件是建立在数学、力学、工程学、数字仿真技术等多个学科基础上，应用于工程建设领域的数值分析计算软件。工程设计分析软件使得大量繁杂的工程模拟和仿真问题简单化，节省了大量时间，可以对工程建设产品性能和可靠性进行分析，也可以对其未来运行状态进行模拟分析。通过更准确、更快速的分析，工程设计分析软件有助于尽早发现设计中的不足。

建筑设计分析软件类型非常丰富，几乎可以涵盖各种类型的建筑，常用的建筑性能模拟软件包括结构分析、声光热环境分析、能耗分析、风环境分析、疏散分析等。其中，结构分析软件涵盖了结构分析、流体动力学、电磁场分析、热传导、结构优化、系统仿真等多个领域，其在土木工程领域有着广泛的应用，可以用于模拟和分析各种土木结构和工程问题，帮助工程师改善设计、评估性能、优化材料和减少成本，主要包括 ANSYS、ABAQUS、SAP2000、MIDAS/GEN 等；光环境模拟软件旨在帮助建筑设计师和工程师评估建筑的能源效率、照明、热舒适度和环境性能等方面，主要包括 Ecotect、Radiance、Daysim 等；建筑能耗分析软件允许用户进行建筑的能源分析，以评估建筑的热性能和能源消耗，主要包括 DOE.2、Energy Plus、DeST 等；声环境模拟软件主要用来分析建筑材料和空间设计对声环境的影响、进行噪声评估等，主要包括 EASE、Acoubat、Raynoise、CATT、Cadna 等；疏散模拟软件是进行疏散模拟和分析的软件工具，通常用于评估建筑物内部的人员在紧急情况下的撤离过程，主要包括 EVACNET、Simulex、EVACSIM 等。

## 2.1.3　项目管理软件

工程项目管理软件，即在工程建设项目各个阶段为确保项目管理任务顺利进行而开发的软件。目前，工程项目管理软件主要包括算量计价软件、施工进度管理软件、设备运维管理软件等。考虑到工程项目管理过程中涉及多种业务流程、多个管理环节，在现阶段往往需要多款工程项目管理软件搭配协同使用，从而达到提升项目管理效率和效果的目的。

一般大型建筑的数字模型通常存储量比较大，特别是将建筑、结构及设备专业的模型汇总在一起时，使用一般性能的计算机进行操作速度较慢。为解决这一问题，一些大型软件公司开发了计算能力强大且不占用单机资源的 BIM 云服务软件，比如 Autodesk 公司的 Construction Cloud 平台、天宝公司的 Trimble Connect 平台。通过将各个专业的模型汇总到云平台上进行碰撞检查和图纸会审，可以很好地解决各专业的信息交流和传递问题。BIM 云平台可以由平台信息管理者根据使用者的不同要求，开通不同的使用权限，保证信息的安全性。在 BIM 云平台上还设置有对话功能，设计师们可以一对一或者多人在网上进行相互交流。在施工过程中，使用移动设备如手机或平板电脑等可以实时读取云平台上的图纸和模型。

在设计过程中，已经集成好的 BIM 模型可以使用 Autodesk 的 Navisworks、Bentley 的 Navigator 等 BIM 仿真及施工管理软件来检查不同专业的构件之间是否发生碰撞以及进行施工过程模拟。BIM 仿真及施工管理软件可以导入多种格式的三维模型，通过制定工程进度表可以在软件中实现虚拟的施工全过程。BIM 仿真软件有真实度极高且计算速度很快的可视化功能，可以轻松地在虚拟建筑中进行漫游，创建出逼真的渲染图和动画，检查空间和材料是否符合设计要求。

在传统的建设工程中，造价师一般是通过浏览各种专业图纸，然后在造价软件中重新建模并计算工程量。这种方式对于复杂的建筑工程来说工作量极大，所以一般是大致估算完工程量后再乘以一个系数得到最终结果。这种方法很难准确估算复杂建筑的造价，给成本控制带来了不利影响。基于 BIM 平台，建筑、结构、水暖电各专业的模型可以汇总在一个模型视图下，各个专业的工程量能够通过 BIM 软件输出为一个列表，各个构件的造价信息也可以记入 BIM 模型中，后续就不再需要造价预算师重新构建算量模型；在建造过程中可以实时更新 BIM 模型中工程量和构件单价的变化情况，从而达到对成本更准确地控制。目前，国内工程主要使用广联达、鲁班、斯维尔等软件进行成本估算，国外则主要用 Innovaya、CostOS、Dprofiler 等软件。这些软件都能与 Revit 软件相兼容，可以通过输入 Revit 建成的 BIM 模型进行精确三维定量分析和成本估算。

## 2.2　底层功能组件

### 2.2.1　图形引擎

工程软件最为核心的技术之一是图形引擎。图形引擎是一种聚合了图形绘制能力的功能组件，支持应用的底层函数库是进行场景构造、对象处理、场景渲染、事件处理、碰撞检查等工作的重要基础。在工程软件架构中，图形引擎调用各类工程知识、计算机技术、物理场以及数学算法等，驱动工程软件完成各项指令。

如图 2-2 所示，三维图形引擎主要由几何引擎、渲染引擎、规则引擎三个核心部件组成，三个模块各司其职，共同支撑着图形引擎的核心功能。图形引擎是工程软件底层基础的关键技术，也是工程软件开发的难点与关键问题。

### 1. 几何引擎

在图形引擎的多个模块中，几何引擎是CAD参数化设计的核心技术。由于设计的基本思想是几何的约束构建与求解，基于几何引擎的几何约束管理和求解技术为草图轮廓表达、构件参数化建模表达以及碰撞检查等场景提供关键技术支持，是快速确定设计意图、检查冲突以及仿真模拟等应用的基础。

几何引擎技术难度大、对可靠性的要求极高，目前几乎被少数公司垄断。如今，市面上的三款商业化几何引擎包括西门子公司的 Parasolid、Dassault 公司的 ACIS 和 CGM。国际上许多知名的 CAD 软件均采用这三款引擎作为几何约束求解核心，比如 AutoCAD 和 MicroStation 采用 ACIS，SolidWorks 采用 Parasolid。Parasolid 的发展

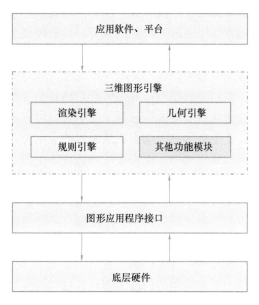

图 2-2　图形引擎构成的主要模块示意

早于 ACIS 和 CGM，其作为一个单独的内核产品，为其他 CAD 软件开发商提供几何造型核心功能。之后因为独立发展与技术安全等原因，部分企业通过技术收购或独立研发的方式建立了属于自己的几何引擎体系。例如，Dassault 公司收购了 Spatial Technology 公司开发的几何引擎 ACIS 和俄罗斯 LEDAS 公司开发的几何约束求解引擎 LGS。同样，Autodesk 公司为了让技术不受制于西门子公司，以源代码方式购买了 ACIS，打造了 Object ARX 架构体系，并自行开发几何约束求解引擎 VCS。由此可以看出，开发自主可控的几何引擎不仅能够更加方便地满足上层应用的需求，更是保护自主技术创新的关键手段。

### 2. 渲染引擎

在计算机制图中，渲染引擎负责从三维模型生成显示器上的二维图像。图形渲染通常基于底层图形应用程序接口（Application Programming Interface，API）构建。图形 API 负责与硬件互动，并采用适合硬件架构的光栅化方法进行渲染。图形渲染目前已有多种可编程管线算法，包含光子映射、辐射度、光线追踪等方法。图形引擎涉及众多复杂的图形图像处理算法，而渲染引擎对底层开发包进一步的封装屏蔽了底层硬件的实现细节，对外提供了图形图像处理的开发接口。

常用的底层图形接口包括微软的 DirectX 和开源社区的 OpenGL。OpenGL 即开放式图形程序接口，在真实感图形制作方面表现优异，已被广泛应用于 CAD/CAE、科学计算可视化、实体造型、仿真、虚拟现实等诸多领域。同 OpenGL 一样，DirectX 中的 Direct3D 也是一套底层三维图形应用程序接口，可直接对支持该 API 的各种硬件进行底层操作，加快了图形渲染速度。

### 3. 规则引擎

作为几何引擎与渲染引擎的补充，规则引擎重点解决约束、校验等规则如何描述、执行以及控制。规则引擎将业务决策从程序代码中抽离出来，形成对业务逻辑的配置实现。在规则的定义阶段，根据具体业务情况定义相应的规则，用规则语言描述。规则语言是规

则引擎的重要组成部分，所有的规则都必须用某种语言定义并且存储于规则执行集中。多个规则可以形成一组规则集合，并被规则引擎装载和处理。规则引擎的执行，首先是装载规则集，对规则进行解析。然后，根据规则推理引擎，将解析完成的规则执行到具体输入的数据对象上。

在图形引擎中，规则引擎扮演着至关重要的角色，它通过一系列预设的逻辑规则来控制和优化图形的渲染过程。这些规则可以定义如何根据数据属性、用户交互、视图参数和其他上下文信息来动态调整图形的显示方式。例如，规则引擎可以决定在特定的缩放级别下显示哪些细节，或者在用户选择某个特定的图层时突出显示相关的图形元素。

规则引擎的核心优势在于其能够处理复杂的业务逻辑，而无需编码到图形引擎中。这使得工程师和设计师能够轻松地调整和扩展图形显示的行为，以适应不断变化的需求和工作流程。通过规则引擎，图形软件可以更加智能地响应用户操作，提供更加丰富和个性化的可视化体验。

实现中，规则引擎通常由以下几个部分组成：规则库，包含所有定义好的规则，这些规则可以是简单的条件语句，也可以是复杂的逻辑表达式；规则解释器，负责读取规则库中的规则，并根据当前的上下文环境执行相应的逻辑；数据接口，允许规则引擎访问和操作图形引擎中的数据，包括几何信息、属性数据和用户输入。

规则引擎的引入使得图形引擎不仅能够提供基本的图形显示功能，还能够根据具体的应用场景和用户需求实现高度定制化的图形处理和展示，从而提升软件的灵活性和用户满意度。

## 2.2.2 有限元求解器

有限元方法（Finite Element Method，FEM）是一种数值分析技术，广泛用于解决工程和科学领域中的各种复杂问题，特别是涉及连续介质力学、热传导、流体力学、电磁场、结构分析等领域。有限元方法的基本思想是将一个复杂的区域或物体分割成许多小的离散部分，称为有限元。然后，通过在每个有限元上建立数学模型，将问题转化为一个代数系统，最终求解这个系统以获得原问题的近似解。

有限元求解器主要包括三个部分：前处理模块、分析计算模块和后处理模块。前处理模块提供了一个强大的实体建模及网格划分工具，用户可以方便地构造有限元模型；分析计算模块包括结构分析（包括线性分析、非线性分析和高度非线性分析）、流体动力学分析、电磁场分析、声场分析、压电分析以及多物理场的耦合分析，可模拟多种物理介质的相互作用，具有灵敏度分析及优化分析能力；后处理模块可将计算结果以彩色等值线、梯度、矢量、粒子流迹、立体切片、透明及半透明等图形方式显示出来，也可将计算结果以图表、曲线形式显示或输出。

有限元方法在土木工程领域有广泛的应用，用于分析和解决各种土木工程问题。在结构分析方面，有限元方法可以用于分析和设计各种土木结构，包括建筑物、桥梁、隧道、水坝、塔楼等。它可以模拟结构在静态和动态荷载下的应力、变形和振动特性，以确保结构的安全性和性能。在地基工程方面，有限元方法可以用来分析土壤和基础结构之间的相互作用，这有助于确定地基承载能力、预测地基沉陷、解决地基稳定性问题以及设计基础结构。在岩土工程方面，有限元方法可用于分析土壤和岩石的力学行为，用于地下结构设计、坡地稳定性分析、基坑开挖和地下管道设计等。它有助于评估岩土材料的承载能力和变形特性。在隧道工程方面，在隧道设计和施工中，有限元分析可以帮助工程师评估地下岩石和土壤的稳定性，以及隧道衬砌的受力情况。

## 2.3 BIM 存储标准体系

### 2.3.1 IFC 格式

几乎每个 BIM 软件供应商都有自己的 BIM 模型数据格式。建筑行业区别于其他行业的一个特点就是建造过程高度分散，有许多参与者，在实际工程中不同参与者会使用到不同软件供应商的不同产品。大部分 BIM 软件都只对数据交换提供了十分有限的支持，这就使得已经存在的 BIM 模型难以被顺畅地导入新的软件中，这样不仅费时费力又会给 BIM 模型引入错误。为解决这一难题，需要一种开放而中立的 BIM 模型存储标准，使得建筑数据可以方便地在不同的软件产品之间传递。

IFC（Industry Foundation Classes）标准即是现存唯一的开放 BIM 存储标准，由国际建筑智能化协会（buildingSMART）维护和推广，用于支持建筑工程数据的描述和交换，被认为是集成化建筑设计系统研究的一个重要成果。

IFC 标准具有以下五个特点：①IFC 标准是一个公开、开放的数据标准，标准的查阅和下载不受限制；②IFC 标准是面向建筑工程领域的，主要是工业与民用建筑；③IFC 标准可以有效支持建筑相关数据的共享、交换和管理；④IFC 标准是一个不依赖于任何具体系统的中性机制；⑤IFC 标准格式不存在其他数据交换格式的格式保密、必要属性缺失等缺点。

IFC 标准包括类型、预定义属性集、函数和规则等内容，其中，类型是核心部分。类型主要包括实体类型、选择类型、枚举类型和定义类型，其中，实体类型是 IFC 信息描述和交换的主要载体。实体类型按照是否具有全球唯一标识符（Global Unique Identifier, GUID）可以分为可独立交换实体类型和非独立交换实体（资源实体）类型，其中可独立交换实体类型包括 IfcRoot 及其所有的派生实体类型。IfcRoot 的派生实体类型可以分为对象实体类型（Ifc Object Definition）、关系实体类型（Ifc Relationship）和属性实体类型（Ifc Property Definition）。类型的属性与数据类型相关联，数据类型可分为简单数据类型、聚合数据类型、命名数据类型、构造数据类型和广义数据类型。

如图 2-3 所示，IFC 标准分为四个层次，自下而上分别是资源层（Resource Layer）、核心层（Core Layer）、交互层（Interoperability Layer）和领域层（Domain Layer）。每个层次只能引用同层或下层的资源，不能引用上层的资源，当上层资源发生改变时，下层不受影响。

资源层位于最底层，主要用于描述建筑的通用属性信息。资源层的属性信息由于缺少全局唯一标识符，依赖上层实体的引用，不可独立用于信息交换。

核心层位于第二层，主要定义了 IFC 标准的抽象概念和核心概念。核心层将资源层的信息用一个整体的框架组织起来，作为一个整体来反映现实世界的结构。核心层及其上的定义实体都具有全局唯一标识符。

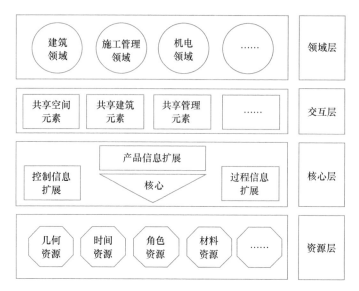

图 2-3　IFC 标准层次结构

交互层位于 IFC 体系架构中的第三层，根据建筑各领域的共性定义了通用概念，以实现各领域之间的数据交互和信息共享。

领域层位于 IFC 体系架构中的最高层，根据建筑各领域的特点分别定义了各领域的特有概念。

在实际应用过程中，除了 IFC 数据标准，还存在一系列应用标准和领域标准。IFC 应用标准包括报建标准、招标投标标准、审查标准、交付标准。领域标准是用来规范 IFC 在各个领域的标准，包括房建标准、道路标准、桥梁标准、隧道标准、轨道交通标准等。

### 2.3.2　COBie 格式

COBie（Construction Operations Building Information Exchange）是一种用于建筑和工程项目的数据标准和格式，旨在自建筑物交付后捕获和交换设施维护和运营信息。它的目标是帮助建筑物的维护和运营团队有效地管理建筑物，并提供易于访问的信息，以支持日常维护、设备更换和建筑物更新等任务。COBie 标准化了建筑物和基础设施的信息，包括构件、设备、系统、文档和联系人信息。这些信息以一种结构化和易于理解的方式进行组织，以便建筑物的维护和运营团队能够轻松地使用它们。COBie 数据通常在建筑物交付给业主后交付，以支持设施的日常维护和运营。然而，它也可以在建筑物的生命周期内随着更改而更新，以反映当前的设备、维护历史和其他信息。COBie 的主要目标之一是提高维护的便捷性。维护团队可以通过访问 COBie 电子表格轻松查找所需信息，这有助于减少维修时间和成本。COBie 可以与其他 BIM 数据格式（如 IFC）集成，以便从设计和建造阶段传递信息到维护和运营阶段。

### 2.3.3　gbXML 格式

gbXML（Green Building XML）是一种开放标准的可扩展标记语言（Extensible Markup Language，XML）文件格式。gbXML 文件包含建筑的三维几何形状信息、建筑物所在地区的气候数据相关的信息以及有关建筑材料和系统的属性信息。三维几何形状信息包括建筑物的楼层、墙壁、窗户、天花板、地板等。气候数据相关的信息包括温度、湿度、太阳辐射等，这些数据对于能源性能模拟非常重要，因为它们影响了建筑物的能源需求和效率。属性信息包括墙壁和屋顶的绝缘性能、窗户的隔热性能、HVAC 系统的规格等。这些属性对于模拟建筑物的热传递和能源消耗非常重要。gbXML 的主要用途是将建筑的几何形状和相关数据传输给能源模拟软件，以进行能源性能分析和模拟。这些模拟可以帮助建筑设计师和工程师评估建筑的热负荷、采暖、通风、空调系统（Heating, Ventilation, and Air Conditioning, HVAC）、照明需求等方面的性能，并提供改进建议以减少能源消耗和环境影响。

gbXML 是一个开放标准，可以与多个 BIM 和建筑模拟软件集成，包括但不限于 EnergyPlus、OpenStudio、DesignBuilder、IES VE 等。这种开放性有助于确保不同软件之间的互操作性和数据的可重复使用性。gbXML 的使用同时也有助于建筑师和工程师更好地理解建筑物的能源性能，从而优化设计，采取更环保的建筑材料和系统，减少能源浪费，提高建筑的绿色性能。

### 2.3.4 CityGML 格式

CityGML（City Geography Markup Language）是一种开放标准的 XML 文件格式，用于表示城市和地理信息的三维模型。CityGML 的设计目标是支持城市规划、城市建模、地理信息系统（Geographic Information System, GIS）和虚拟城市建模等应用，并提供一种国际范围内通用的格式来描述城市和地理环境的几何、拓扑、语义和外观属性。

CityGML 支持多层次的建模方法，能够详细表示从城市级别的大范围特征到单个建筑物或基础设施的小尺度细节。CityGML 区分了五个连续的细节层次模型（LOD）：

LOD0：大致描述地形和城市轮廓，用于宏观层面的城市布局分析。

LOD1：简单的几何形状，如长方体表示建筑物的基本体积，用于概览和初步分析。

LOD2：建筑物的几何形状，包括屋顶几何结构等，用于城市规划和设计。

LOD3：详细的建筑物内部结构，如房间和墙壁，用于城市分析和建筑设计。

LOD4：包含建筑内部的设施、设备等详细信息，用于特定的应用场景，如应急响应、设施管理等。

CityGML 还支持集成城市要素之间的拓扑关系，如建筑物之间的位置关系、道路和交叉口的连接关系等，可支持复杂的空间分析和网络分析。除几何数据外，CityGML 还能够携带丰富的语义信息，模型中的建筑物、道路等城市要素可以附加功能、用途、材料、所有权等方面的信息。此外，CityGML 支持定义城市对象的外观属性，如颜色、纹理和透明度，这有助于增强三维模型的视觉效果，更好地实现模型可视化和虚拟城市建模。

## 2.4 国产工程设计软件

### 2.4.1 发展现状

随着全球建筑行业数字化转型的深入，建筑软件行业正在迎来多方面的变革与发展。

这些变化推动了技术进步，同时也在建筑全生命期管理中发挥着越来越重要的作用。

首先，核心技术的自主化是当前我国建筑软件行业发展的重要方向。传统上，建筑软件的核心技术主要掌握在国际领先企业手中，如几何建模引擎和复杂分析算法。为了应对技术依赖带来的风险，各国尤其是新兴市场正在加大对软件自主研发的投入，力求在建模引擎、仿真计算和数据处理技术方面取得突破。这一趋势不仅有助于减少对国外技术的依赖，还能够满足日益增长的信息安全需求，同时为本地化需求提供更灵活的解决方案。

其次，建模与分析的深度融合正逐渐成为行业发展的一大趋势。建筑信息模型（BIM）正从单一的建模工具向集成平台演进，设计、分析和管理功能之间的界限逐步模糊。在这一背景下，未来的建筑软件将在建模过程中直接嵌入性能分析功能，如结构安全性、能耗评估或声学性能测试。这种实时反馈的能力不仅提高了设计的效率和精准度，也为建筑全生命周期的优化奠定了基础。

与此同时，建筑软件行业也在走向更高的专业化和细分化。随着建筑工程需求的日益复杂，通用型工具已经难以满足精细化管理的需求。越来越多的软件开始针对特定的工程场景和设计环节进行专注化开发，例如专门用于幕墙优化的设计工具或适用于桥隧结构分析的专业软件。这种细分化的发展使得建筑软件能够更好地适配多样化的项目需求，为特定领域的用户提供更深层次的支持。

行业间的开放协作也在不断深化。数据互通和协同工作环境的建设成为建筑软件发展的又一关键趋势。通过支持多种数据格式和开放标准，未来的软件能够实现不同平台之间的数据无缝对接，提升跨团队、跨专业协作的效率。同时，基于云计算的协作环境使设计团队能够跨地域实时共享和更新数据，推动建筑行业向更高效、更灵活的协作模式转变。

### 2.4.2 发展困境与挑战

当前，国外软件厂商通过数十年的研发、兼并与战略合作，形成包括图形引擎在内的关键核心技术，利用精准的产品布局，抢占市场先机。同时，通过市场反哺对软件功能、算法及逻辑框架等进行持续迭代更新，国外软件厂商已经形成了各相关领域的高端工程软件，占据了世界范围内大部分的工程软件市场份额。

经过不断的投入和发展，我国工程软件产业虽然有了长足的进步，取得了一系列研发成果，但目前依旧面临诸多困境与挑战。

自主核心引擎的缺席使国内相关软件研发进度缓慢。国产工程软件在图形引擎、求解器、数据处理、网格划分、并行计算等方面的技术水平与国外存在明显差距，工程软件关键技术大多被国外垄断。例如，发展 CAD 几何制图软件的核心引擎被少数几家国外软件厂商垄断。由于缺少核心技术，国内软件厂商通常选择使用开源内核或购买 Parasolid 等国外核心技术授权，导致国内相关软件自主核心技术研发进展缓慢，进一步减弱了国内软件厂商在全产业链上的竞争力。

核心技术的不完善使国产工程软件难以大规模商业化。国外软件厂商将其产品发展为可扩展性平台，并建立丰富的开放接口，鼓励业界在其基础上进行二次开发，丰富其软件生态。在高端工程仿真设计、分析方面，国内几乎没有成熟的工程软件产品，在桥梁隧道、市政工程领域虽然有自主研发软件基础，但产品相对封闭，并非完全商业化。要进一步实现商业化，需要在用户界面、软件功能、系统架构和平台化、开放性等方面均满足市场要求。

## 本章小结

　　本章首先介绍了工程设计过程中主要用到的设计软件种类，然后简要介绍了这些设计软件主要依赖的关键技术，随后介绍了 BIM 软件使用的一些通用数据格式，最后总结了国产设计软件的发展现状和挑战。

## 思 考 题

　　1. BIM 建模软件和其他建模软件的区别是什么？

　　2. BIM 设计分析软件需要包含对哪些方面的性能分析？

　　3. 三维图形引擎由哪些模块组成？各自的作用是什么？

　　4. IFC 格式的作用是什么？有什么特点？

　　5. 国产工程设计软件应该怎样发展，谈谈你的看法。

参数化设计和算法生形设计

## 知识图谱

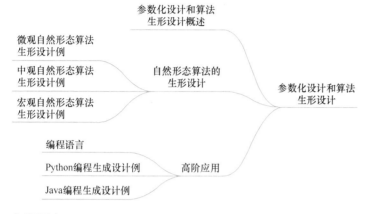

## 本章要点

知识点 1. 参数化设计与算法生形设计的基本原理和方法。

知识点 2. 参数化设计和算法生形设计在建筑设计中的应用。

知识点 3. 编程语言在生成设计中的应用。

知识点 4. 参数化设计与性能模拟平台的结合方法。

## 学习目标

（1）理解参数化设计的概念与原理：掌握参数化设计的定义、特点及其在建筑设计中的应用价值。

（2）掌握算法生形设计的方法：通过具体案例分析，理解不同自然形态在算法生形设计中的应用，包括微观、中观和宏观自然形态算法生形设计实例。

（3）了解编程语言在生成设计中的应用：学习 Python、Java 等编程语言在参数化设计和算法生形设计中的具体应用，理解编程语言如何辅助设计师实现复杂形态的生成。

（4）掌握参数化设计与性能模拟平台的结合方法：了解如何通过软件二次开发实现参数化建模软件与性能模拟软件的实时链接，从而在数据驱动下优化建筑设计性能。

（5）提升设计创新能力：通过本章学习，提升在设计过程中运用参数化设计和算法生形设计的能力，推动建筑设计的创新与优化。

## 3.1 参数化设计和算法生形设计概述

参数化设计被定义为将设计的各个要素抽象为参变量，每一个参变量都代表了设计过程中一个或多个重要的影响因素的解析。更改参变量的数值可以导致设计结果的变化。这些参变量之间的相互关系以及其数值的变化都会对最终的设计结果产生影响。参数化设计的理念融入了建筑设计领域，形成了一种基于参变量数值和它们之间相互关系双重控制的设计方法。

参数化建筑设计的理想方法始于对基地的深入调研和基础数据的全面收集。其次，建立参数化模型，将前一步骤的数据转化为参数，并对这些参数进行详尽分析，提取对建筑设计至关重要的要素。这些要素被输入计算机以形成模型。接下来，使用初步的参数化模型生成基本建筑形式，然后不断修正和补充参数化模型，引入更多变量，以使模型的生成逻辑更为准确，从而创造出更多样化的设计形态。最后一步是按照设计要求对建筑形态进行反馈和检验，以确保满足最初的设计目标。

在算法设计中，借助过程技术解决设计问题。算法可以被视为一组指令，因此它与传统的模拟设计流程和数字化设计流程都有关系。然而，在数字设计领域，算法设计具有特殊的含义，它指的是设计专业人员使用编程脚本语言，以克服软件用户界面的限制，通过直接编写和修改代码进行设计，而不是依赖可视化界面。通常情况下，算法设计采用的计算机编程语言包括 Python、C♯、VB、Maya 嵌入式语言 MEL、3Dmax 嵌入式语言 Dmax Script、Rhinoceros 嵌入式语言 Rhino Script、Java 等。相比之下，Generative Components 和 Grasshopper 等软件通过智能图形化方式来实现设计，避免了编程的复杂性，因此可以称之为图形脚本形式。算法设计充分发挥了计算机作为搜索引擎的能力，可以执行一些原本耗时的任务，为优化提供了空间，使得某些超越标准设计限制的任务得以实现。

## 3.2 自然形态算法的生形设计

本书的研究出发点围绕自然形态展开。自然形态被选作初始研究对象的原因在于其具备多样性、复杂性和动态变化性三个显著特点。将其作为形体生成算法研究的基础，有助于算法克服简单形态的限制，推动算法生成多样丰富的数字形体和数字建筑形体。

本书的主要论点集中在算法的核心。算法的生成依赖于对自然形态的观察、自然形态特征的总结以及自然形态的图解，而算法的实现依赖于数字技术。在本节中，我们尝试解释复杂形体内部单元之间的几何关系，以使生成的形体内部单元能够摆脱单调的几何关系，建立新的算法联系。这些算法联系是一个动态的过程，其中子单元之间存在多对多的对应关系，这些对应关系在动态过程中相互影响。

本书中的算法和数字工具不仅能够模拟自然形态，还可以应用于数字建筑形体的生成设计。本节的论点强调以应用算法生成数字建筑形体为最终目标。一旦拥有了生成形体的算法，我们可以利用数字技术实现它，并生成各种形态。通过改进数字工具并进行后续设计，我们可以进一步生成数字建筑形体。

多样化的"生成"结果是以"过程"的形式呈现的。这里的"过程"概念建立在自然机体论的基础上，该理论认为自然本质上是"有机生命体"，而"过程"是对这一"自然是有机生命体"的概念在形而上学层面上的抽象解释。因此，将"过程"概念应用于建筑设计方法意味着将建筑设计过程视为"生命的有机发展过程"。而"生成"概念强调了"动态"的特性，即强调事物的产生以及其随时间的演变。因此，"生成"的概念对建筑设计方法的影响在于将设计过程看作是动态的、连续的、进化的、发展的过程，而设计结果则是这一过程中的一个瞬时、暂时的"事件"。

因此，可以看出，"过程"和"生成"的概念对建筑设计方法产生直接影响，将传统的建筑设计从"结果"导向的方式转变为以"过程"和"生成"为导向的方式，将设计流程从追求确定性答案的过程转变为追求开放系统的过程。

### 3.2.1 微观自然形态算法生形设计例——基于"糙面内质网的寺崎坡道形态"的数字建筑形体生成算法研究与应用

3-1 寺崎坡道形态算法在数字建筑的应用

#### 1. 糙面内质网的寺崎坡道形态

粗糙内质网是由多层平行平面叠加而形成的结构，相邻层之间通过一种称为"虫洞"的特殊形式的斜坡相连。这种"虫洞"可以被视为螺旋状的膜结构，首次详细描述于 2013 年发表在《Cell》杂志第 154 卷 02 期 285 至 296 页的文章中，题为 "Stacked Endoplasmic Reticulum Sheets Are Connected by Helicoidal Membrane Motifs"（堆叠的内质网表面由螺旋状的膜结构连接）。该研究的第一作者是马克·寺崎（Mark Terasaki）。这一新发现的斜坡结构被命名为"寺崎坡道"（Terasaki Ramps）。

随后，位于美国加利福尼亚大学圣巴巴拉分校的一个研究小组（成员包括 Jemal Guven、Greg Huber 和 Dulce María Valencia）采用数学方法对这种复杂的斜坡结构进行了详细描述，并将其发表在 2014 年 10 月 31 日的《Physical Review Letters》期刊上，题为 "Terasaki Spiral Ramps in the Rough Endoplasmic Reticulum：Supplemental Material"（糙面内质网的寺崎坡道：补充材料）。

图 3-1 中的左侧图是内质网的显微形态；中间图是内质网的抽象形态；右侧图是糙面内质网层间的寺崎坡道形态（3D 打印模型）。

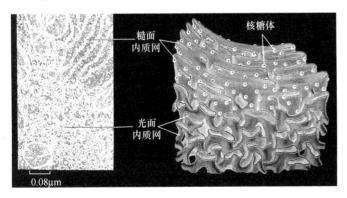

图 3-1 内质网的形态

**2. 寺崎坡道的形态特点**

在"糙面内质网的寺崎坡道：补充材料"这篇文章中，作者们认为糙面内质网的寺崎坡道是成对出现的，互相之间呈现镜像螺旋的形态，他们将其命名为双极子（Dipoles）。这篇文章中给出了在极端理想条件下坡道不同点距离基础面的高度计算公式：

$$\tan(h/p) = -\left[(4r^2/R^2) \times \cos^2\theta\right]/\left[(16\ r^4/R^4) - 1\right] \qquad (3\text{-}1)$$

式中，$h$ 为坡道曲线上的点距离基础面的高度；$p$ 为常数；$r$ 为坡道的内径；$R$ 为坡道之间的距离；$\theta$ 为围绕坡道中心轴旋转的角度。

**3. 寺崎坡道的形态图解**

在"糙面内质网的寺崎坡道：补充材料"中，作者们给出了寺崎坡道的形态图解。图 3-2 中的左侧图是单个坡道的形态图解，右侧图是对偶出现的双极子坡道的形态图解。

 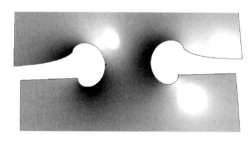

图 3-2 寺崎坡道形态图解

**4. 寺崎坡道曲线生成算法**

该部分内容研究的是此坡道的形态，可以对上述方程的一些参数进行简化，简化后的方程可改写成为：

$$h = c \times \arctan(\cos 2\theta) \qquad (3\text{-}2)$$

式中，$h$ 为坡道曲线上的点的高度；$c$ 为常数；$\theta$ 为围绕坡道中心轴旋转的角度。

加入坡道曲线上点的 $x$ 和 $y$ 的坐标值，得到此坡道曲线控制点的计算程序为：

```
curve(points);
points(x, y, z);
x = r * cos(nθ);
y = r * sin(nθ)(n 为自然数);
z = c * arctan(cos2θ)
```

基于此，总结了寺崎坡道形态算法，流程图如图 3-3 所示。

在此流程图中，Step2 的 $t$ 值是点的数量值，$t$ 值越大则 Step4 中生成的曲线越精确。

Step3 中生成的点在空间中的排列形态以及 Step4 中生成的曲线的空间形态主要受两个参数控制，其一是 $x$、$y$ 坐标方程中的自然数 $n$，另一个是 $z$ 坐标方程中的 2（也可以是其他的自然数），这两个数字影响着生成点以及曲线的旋转周期，周期不同则结果不同，详见后文的"用数字工具实现'寺崎坡道曲线生成算法'"以及"与生物原型形态相关的形体的生成"部分。

**5. 用数字工具实现"寺崎坡道曲线生成算法"**

将此算法写入 Python 语言，可以生成寺崎坡道曲线。

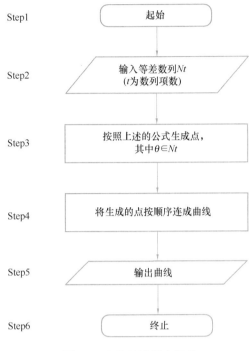

图 3-3　寺崎坡道形态算法

```
import rhinoscriptsyntax as rs
import math
points＝[]
for i in range(181):      ♯此处的 181 代表要建立 181 个点,因组成坡道的首尾两点在不同的高
度,空间上不重合,所以如果要组成一个平面上完整的圆形坡道,需要多出来一个点。(此坡道的建立是
i 每增加 1,角度旋转 2°,将圆形分为 180 份,共需 181 个点)
        u＝(i＊math. pi)/360    ♯i 每增加 1,角度旋转 0.5°。
        h＝math. atan(math. cos(2＊u))     ♯高度的计算方法。
        point＝rs. AddPoint(math. cos(4＊u),math. sin(4＊u),h)       ♯随着 i 每增加 1,角度旋转
0.5°＊4＝2°。
        points. append(point)      ♯将建立的点归入空的集合。
Curve＝rs. AddCurve(points[::])      ♯利用点形成曲线。
```

　　上述算法的 Python 语言实现中的"h＝math. atan(math. cos(2＊u))"中余弦函数角度周期缩短 1/2(即方程中 $\theta$ 前面的"2")是为了满足和寺崎坡道原著作的方程一致,但由此也会带来一些程序上的繁冗,比如为了迎合这个周期的变化而把 $u$ 值在"u＝(i＊math. pi)/360"中规定了角度旋转 0.5°,而在后文的"point＝rs. AddPoint(math. cos(4＊u),math. sin(4＊u),h)"中又乘以 4,角度旋转 2°,以满足总共旋转 360°的要求。基于此,下文用此算法进行生形设计中只将 $x$、$y$ 坐标算法中的自然数和 $z$ 坐标方程的自然数做对比,不特殊强调 $z$ 坐标的余弦函数角度周期。

　　由上面的论述可知,影响该算法和程序生形的参数是 $i$ 的范围(即坡道曲线总共旋转的度数)、每次 $i$ 增加 1°时旋转的角度($u$)、点生成方程(包括"h＝math. atan （math. cos （2 * u））"和"point＝rs. AddPoint （math. cos （4 * u），math. sin （4 * u），h)"中 u 前面的常数和点生成方程本身）。

**6. 与生物原型形态相关的形体的生成**

将上述 Python 语言写入 Rhino Python Editor，可以生成基本的寺崎坡道曲线。

图 3-4 中的左图为寺崎坡道曲线，共旋转 360°，右图是寺崎坡道曲线与传统螺旋坡道曲线的立面对比，两条曲线均旋转 360°，由此可见寺崎坡道曲线与上下层的线是平滑连接的，而传统坡道曲线则是突变连接。这说明了生物形体和人造形体的不同，生物形体体现的是复杂性，坡道中每个点的切线与平面夹角均不同，以此形成曲线对不同层之间的光滑连接，这样的形体在生物物理学上有很重要的意义，即生物自身以"渐变"而非"突变"的形态适应周围环境，达到受力的平衡态。

寺崎坡道

传统坡道

图 3-4　寺崎坡道曲线与传统坡道曲线

由图 3-5 可知，通过寺崎坡道，内质网中不同层之间是光滑连接的，而非传统意义上的普通坡道。

图 3-5　由寺崎坡道曲线而生成的基本生物形体

**7. 其他形体的生成**

将生成点的方程改写为"point＝rs. AddPoint(100 * math. cos(4 * u) * math. sin(100 * u)，1000 * h，100 * math. sin(4 * u) * math. cos(100 * u))"，便可以生成图 3-6 中左侧图的曲线及形体，在此形体上继续错位搭接，可以生成图 3-6 的中间图和右侧图具有渐变特色的形体。

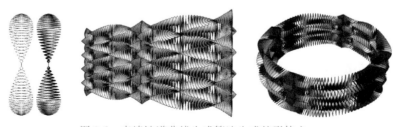

图 3-6　寺崎坡道曲线生成算法生成的形体之一

改变点的 $x$、$y$ 参数，可生成螺旋状的形体，图 3-7 中的形体均是两个镜像的寺崎坡道连接而成，连接处是平滑的（总共旋转 720°）。

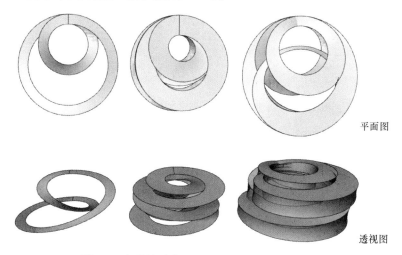

平面图

透视图

图 3-7   寺崎坡道曲线生成算法生成的形体之二

以不同旋转角度的寺崎坡道生成的形体如图 3-8 所示。

不同旋转角度的寺崎坡道（从左至右依次为：90°、120°、180°、360°）

以120°旋转角度的寺崎坡道为原型所生成的形体

图 3-8   以不同旋转角度的寺崎坡道生成的形体

### 8. 建筑形体的生成

该建筑形体是作者参与的位于迪拜的一个竞赛项目，是一个"城市之门"的标志性建筑竞赛设计。在该建筑形体的设计上，作者依据寺崎坡道算法生成形体，并将其命名为"迪拜之戒"（the Ring of Dubai）。

该建筑形体分为水上和水下两部分（图 3-9），是一个相互连通的"管子"，"管子"里有游览车做环形的运动，使人们能够在不同的高度欣赏迪拜的城市风景以及参观水下的展厅。

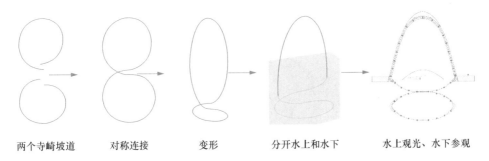

两个寺崎坡道　　对称连接　　变形　　分开水上和水下　　水上观光、水下参观

图 3-9　形体生成过程——依据寺崎坡道逐步变化而来

竞赛图纸如图 3-10 所示。

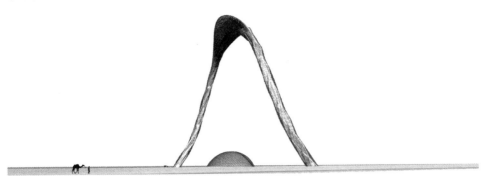

建筑形体透视图

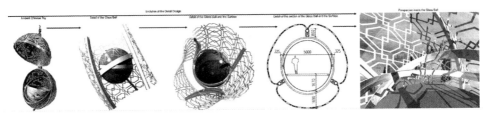

游览车设计图

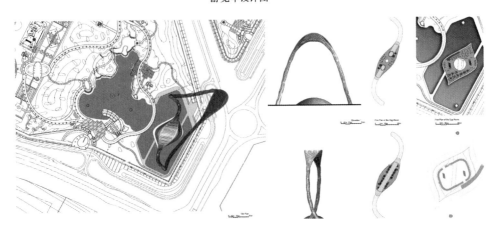

建筑总平面和平面、立面

图 3-10　竞赛图纸

### 9. 小结

寺崎坡道曲线生成算法的核心任务是解决如何通过数学方程式生成一系列坐标点，并以这些点为基础生成一种独特形式的坡道曲线。这个算法属于曲线生成算法的一种。

与人工设计的坡道曲线完全不同，该算法生成的坡道曲线呈现出一种复杂的均匀变化特性。生成的曲线可以应用于各种需要高程变化的建筑形态，如连续的管状空间、车库坡道、儿童乐园的滑梯等。

在应用该算法生成形态时，需要谨慎处理点生成方程的修改。过于复杂的修改可能导致生成的空间曲线混乱不堪。尽管这种曲线可以用于多样性形态的探索，但并不适合作为建筑设计的初步构思。然而，正是这一不足促使了该算法未来的拓展方向。未来的研究应致力于突破现有方程式的限制，充分挖掘函数，尤其是三角函数在形态生成方面的潜力，以生成更多样化的形态，从而推动多样性建筑形态的创新。

## 3.2.2 中观自然形态算法生形设计例——基于"根、茎分叉、脉序、花序形态"的数字建筑形体生成算法研究与应用

3-2 植物形态
算法生成建筑
形体

### 1. 根、茎分叉、脉序、花序的形态

根按照形态分为直根系和须根系。

由图 3-11 可知，直根系植物的主根终生保持着顶端生长的优势，侧根与主根区分非常明显，并且侧根每级之间的粗细变化也非常明显。须根系植物的主根过早的停止生长或者死亡，由茎基部处发生了很多不定根，不定根上再生长侧根，根整体呈现絮状。

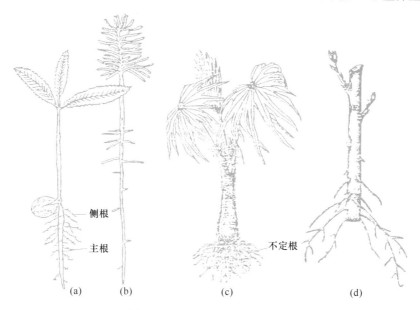

侧根

主根

不定根

(a)　(b)　(c)　(d)

图 3-11　根的种类和根系的类型

直根系：（a）麻栎；（b）马尾松；须根系：（c）棕榈；（d）柳树

直根系侧根在主根上的分布形态是有规律的，根据不同植物的初生木质部和初生韧皮部的相对位置和束数分为二原型、三原型、四原型、多原型四种。侧根在不定根上的分布随机性强，如图 3-12 所示。

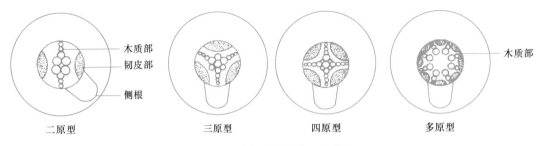

图 3-12　直根系侧根发生的规律

　　茎是植物体的中轴部分，其形态是以一根中轴为基础，通过分叉、分节的形式向不同的方向生长，形成千差万别的形态。无论是茎主轴还是分枝都分节，节与节之间称为节间。茎的形态按照生长方式来区分分为直立茎、缠绕茎、攀援茎、斜升茎、斜倚茎、平卧茎、匍匐茎，即茎可以沿多方向生长且生长方式多样，形态变化也多样。但茎的最基本形态是其分叉形态，是植物中普遍的现象，是植物茎的基本特征之一，茎的分叉受到遗传和环境因素的影响，分枝可分为二叉分枝、假二叉分枝、单轴分枝、合轴分枝四种，如图 3-13所示。

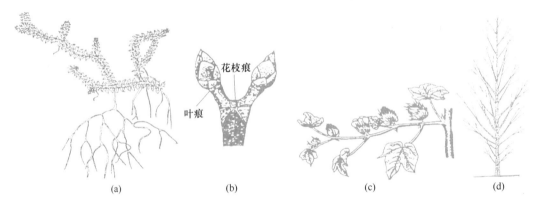

图 3-13　茎的分枝形态
(a) 二叉分枝；(b) 假二叉分枝；(c) 单轴分枝；(d) 合轴分枝

　　二叉分枝是分枝时顶端分生组织的原始细胞平分为两半并各自独立的形成一个分枝，生长一段时间后，又进行同样的生理活动，使整个分枝系统都为叉状。这种分枝的方式见于较原始的植物，例如网地藻、苔类、石松、卷柏等。

　　假二叉分枝是在顶芽停止生长后，两个对生腋芽（靠近顶芽下面）生长成为两个侧枝，而侧枝顶芽的生长活动同母枝，再生一对新枝，如此重复分枝，从外表看与二叉分枝相似，实际上是合轴分枝方式的变化。见于被子植物的丁香、石竹、茉莉、接骨木、繁缕、槲寄生等。

　　单轴分枝是植物体主茎的顶芽向上生长以形成直立的主干，与此同时，主干的侧芽也生长成为侧枝，以同样的方式反复进行，形成更次级侧枝，但各级侧枝的形态均不如主茎的粗壮，这种分枝方式称为单轴分枝（总状分枝）。例如松树、杉树、柏树、杨树、山毛榉，以及一些草本植物，如黄麻等都属此类。

　　合轴分枝是主茎的顶芽生长到一定阶段后，生长逐步趋缓、死亡或分化为花芽，而腋芽（位置靠近顶芽）则迅速伸展为侧枝，代替了主茎的位置。不久，侧枝的顶芽又停止生长，依次再由其最近的腋芽所代替，伸展为枝。这种分枝方式称为合轴分枝。合轴分枝实际上是主茎由很短的主枝和各级腋芽发育而成的侧枝组合形成。这种分枝在幼嫩时呈曲折的状态，一段时间后由于生长加粗，就呈直线形态了。例如番茄苗、马铃薯苗、柑橘树、桃树、李树、苹果树、桑树等都具有合轴分枝的特征。

脉序是叶脉在叶子中的排列方式，叶脉在叶子中起到支撑和疏导的作用，贯穿在叶子的叶肉中，由维管束和外围的机械组织组成，外部形态呈现规律性的分布。叶脉分为三级：粗脉、侧脉、细脉。脉序的形态主要有三种：网状脉序（分为羽状网脉序和掌状网脉序）、平行脉序、分叉脉序，如图 3-14 所示。

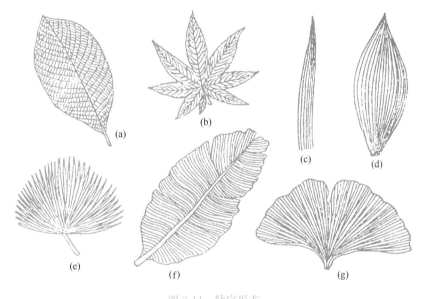

图 3-14　脉序形态

（a）羽状网脉序；（b）掌状网脉序；（c）～（f）平行脉序；（g）分叉脉序

平行脉序形态比较简单，分叉脉序与茎的二叉分枝形态特点一致。此处讨论网状脉序分级形态，如图 3-15 所示。

首先，有一个（羽状网脉序）或几个（掌状网脉序）主脉，主脉走向可以是直走向，也可以是弯曲走向，也可以是之字走向。

其次，主脉分出侧脉，侧脉在主脉上的排列方式可以是对生的形式，也可以是平面互生的形式，侧脉到叶缘分为三种形式：环结状、真曲行状、分枝状，主脉、侧脉、叶缘共同形成脉间区。

再次，侧脉再分出第三级细脉，第三级细脉联系相邻的两个侧脉或一个主脉一个侧脉，填充脉间区。

之后，第四级侧脉在第三级侧脉形成的封闭平面里形成边界不规则的多边形组合。

最后，第五级侧脉在第四级侧脉形成的多边形组合里继续分枝，形成游离的脉梢（双子叶植物）或者脉梢相互连接在一起（部分单子叶植物）。

花序就花在轴上的着生方式而论，可分为两大类：无限花序和有限花序。如果花开的顺序是花轴下部或外围渐及顶端或中心的，花轴能保持伸长并不断生长出新花芽的花序为

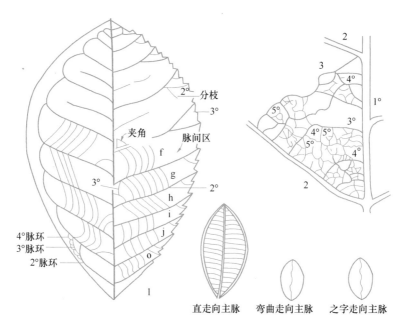

图 3-15　网状脉序分级形态

无限花序。相反，花开的顺序是从花轴顶端或中心渐及下部或外围的，且花轴不再保持生长的花序为有限花序。无限花序包括总状花序、伞房花序、伞形花序、头状花序、隐头花序、穗状花序、柔荑花序、肉穗花序等（图 3-16）；有限花序可分为单歧聚伞花序（分为螺状聚伞花序和蝎尾状聚伞花序）、二歧聚伞花序、多歧聚伞花序等（图 3-17）。

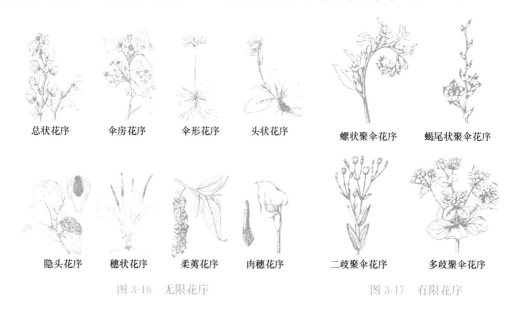

图 3-16　无限花序　　　　　　　　　　图 3-17　有限花序

　　总状花序、复总状花序是在一长的花序轴上着生花柄长短相等的花，开花顺序是由下而上，例如白菜、油菜的花序。花轴每一分枝为一总状花序的，称复总状花序。

　　伞房花序、复伞房花序生在花轴上的花柄长短不等，下部的花柄较长，向上渐短，花差不多排列在一平面上，例如梨树、苹果树等的花序。如果几个伞房花序排列在花序总轴的近顶部，称为复伞房花序，例如绣线菊的花序。

伞形花序、复伞形花序的花轴缩短，花柄都从花轴顶端生出，花轴近等长或不等长，呈伞骨状，如五加。如果几个伞形花序生于花序轴的顶端，称为复伞形花序，例如胡萝卜苗的花序。

头状花序的花轴缩短，顶端膨大，许多无柄花集生于上面（花序托、总花托），全形呈头状，例如千日红、菊等的花序。

隐头花序的花轴顶端膨大，中央部分凹陷，花序托呈囊状体，花着生在囊状体的内壁上，囊状体顶部仅留1小孔，为昆虫传布花粉的通道。花多单性，雄花分布于内壁上部，雌花分布于内壁下部，例如无花果树、薜荔树等的花序。

穗状花序、复穗状花序与总状花序相似，花序具有一直立花轴，上面着生许多无柄的两性花，例如车前、大麦的花序。花轴每一分枝为一穗状花序，称复穗状花序，例如小麦的花序。

柔荑花序的花序轴柔软、下垂，轴上着生许多无柄的单性花（雌花或雄花），花的位置和角度随机，花缺少花冠，开花终了整个花序脱落，例如杨树、柳树、胡桃树的花序。

肉穗花序的基本结构与穗状花序相似，但花轴膨大，呈棒状，上面着生无柄花，基部常为若干苞片组成的总苞所包围，例如玉米的雌花序。有的肉穗花序外面由一大型苞片包住，又称为佛焰花序，例如海芋的花序。

单歧聚伞花序是花轴顶端先生一花，在顶花下面主轴的一侧形成一侧枝，同样在顶端生花，侧枝上又有分枝生长，所以花轴是一个合轴分枝。如果花轴分枝时各分枝左右间隔生出，这种花序称为蝎尾状聚伞花序，例如唐菖蒲的花序；如果所有的侧枝都向同一方向生长，这称为螺状聚伞花序，例如勿忘草的花序。

二歧聚伞花序是花轴顶端着生一花，在顶花下的主轴向两侧各分生一枝，枝顶又生花，每枝再在两侧分枝，如此连续数次。例如石竹、冬青的花序。

多歧聚伞花序是花轴顶端着生一花后，主轴又向不同方向分出若干长度超过主轴的分枝——侧枝，每分枝顶端又生一花，如此连续数次分枝，例如大戟属的花序。

以上花序简图如图3-18所示。

**2. 根、茎分叉、脉序、花序的形态特点**

在植物的器官形态中，直根系的形态与对生和轮生叶序的形态相似，而须根系的形态则表现为随机的分叉。在花序结构中，总状花序、复总状花序、伞房花序、复伞房花序、穗状花序、复穗状花序以及柔荑花序的形态与单轴分枝的形态相似，而单轴分枝的形态则类似于互生叶序的形态。相应地，伞形花序、复伞形花序、二歧聚伞花序、多歧聚伞花序的形态与假二叉分枝的形态相似，而螺状聚伞花序和蝎尾状聚伞花序的形态则类似于合轴分枝的形态。此外，头状花序、隐头花序和肉穗花序都是花着生在近似球面的花托上，其形态与聚合果的形态相似。

在叶的形态中，分叉脉序的形态类似于二叉分枝，而网状脉序中主脉、侧脉的分枝形态则与单轴分枝相似。

因此，本章节中的一些植物器官形态特点可以综合为四种分枝的形态特点，包括二叉分枝、假二叉分枝、合轴分枝和随机分枝。

（1）二叉分枝形态特点是每级分叉均分两叉，形体逐级减小。

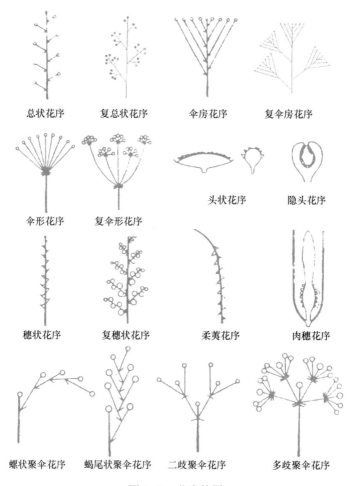

图 3-18　花序简图

（2）假二叉分枝从形态上看与二叉分枝相似，但在两个分叉之间存在花枝痕。主干生长到一定程度后由两个侧枝代替，主干停止生长，侧枝继续生长，由此反复。

（3）合轴分枝形态特点是主干生长到一定程度后由一个侧枝代替，主干停止生长，侧枝继续生长，由此反复。

（4）随机分枝形态特点是无主干，生长到随机段开始分枝，分枝的数量和大小也是随机的，最终形成絮状形态。

**3. 分枝形态图解**

分枝形态图解如图 3-19 所示。

**4. 分枝形态算法**

二叉分枝形态算法、假二叉分枝形态算法、合轴分枝形态算法可以通过对 L-System 算法的改写而实现（随机分枝形态算法不能）。L-System 算法是 1968 年由美国生物学家 Aristid Lindenmayer 提出的致力于描述植物生长和形态的算法，L-System 通过字符串来构造形体。其字符集 G 由下列符号及意义组成：

（1）F 往前一步 L（步伐长度），画线；

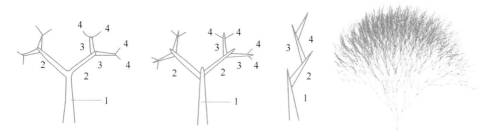

图 3-19　二叉分枝、假二叉分枝、合轴分枝、随机分枝图解

（2）f 往前一步 L（步伐长度），不画线；

（3）＋ 左转，角度自定；

（4）－ 右转，角度自定；

（5）\ 左倾，角度自定；

（6）/ 右倾，角度自定；

（7）ˆ 上仰，角度自定；

（8）& 下俯，角度自定；

（9）｜回转 180 度；

（10）J 插入一个点；

（11）"目前长度乘上系数 dL（dL 为 Grasshopper 插件 Rabbit 特有的命名）；

（12）! 目前粗细乘上 dT（dT 为 Grass-hopper 插件 Rabbit 特有的命名）；

（13）[ 开始分枝；

（14）] 结束分枝；

（15）A/B/C/D……符号运算用的变量。

分枝形态算法流程如图 3-20 所示。

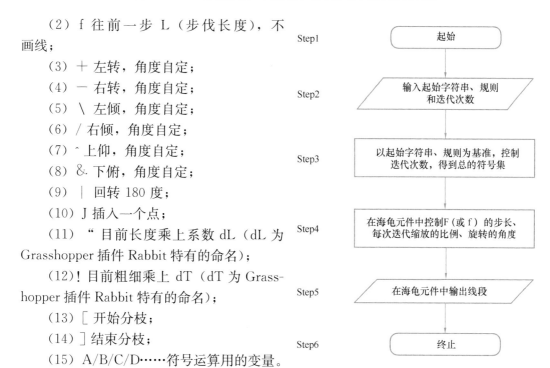

Step1

Step2

Step3

Step4

Step5

Step6

起始

输入起始字符串、规则和迭代次数

以起始字符串、规则为基准，控制迭代次数，得到总的符号集

在海龟元件中控制 F（或 f）的步长、每次迭代缩放的比例、旋转的角度

在海龟元件中输出线段

终止

图 3-20　分枝形态算法流程

如果是二叉分枝算法，上述流程 Step2 中的规则输入 F＝F[ˆ\−"F][&\＋"F]，如果输入的是 F＝F[−"F][＋"F]，则为二维的二叉分枝算法。

Step3 中总的符号集是控制海龟元件生成形体的基本规则（海龟元件是将 L-System 自定义的字符串转化为形体的运算器）。以规则 F＝F[\−"F][\＋"F]为基准，可得到总的符号集（控制迭代次数）：

0. F

1. F[ˆ\−"F][&\＋"F]

2. F[ˆ\−"F][&\＋"F][ˆ\−"F[ˆ\−"F][&\＋"F]][&\＋"F[ˆ\−"F][&\＋"F]]

……

X. ……

Step4 中步长、缩放比例、旋转角度可一致也可随机赋值，随机赋值更加符合植物生长的特性。

在 Step5 中生成形体的基础上可以给每个线段赋截面，输出可渲染的形体。

如果是假二叉分枝算法，上述流程 Step2 中的起始字符串输入 FFF 和一个变量 A（FFFA），规则输入 A＝！""[B]////[B]////B、B＝&FFFAJ、C＝FC（此处将假二叉分枝形态中的花枝痕也算作一个分枝）。

如果是合轴分枝算法，上述流程 Step2 输入的起始字符为一个变量 A，规则输入 A＝B－F＋CFC＋F－D&F´D－F＋&&CFC＋F＋B//、B＝A&F´CFB´F´D^´－F－D´|F´B|FC´F´A//、C＝|D´|F´B－F＋C´F´A&&FA&F´C＋F＋B´F´D//、D＝|CFB－F＋B|FA&F´A&&FB－F＋B|FC//。

随机分枝算法是将迭代次数、分叉的枝数、旋转的角度、步长以及步长缩放的比例等数字全部随机。

**5. 用数字工具实现"分枝形态算法"**

此处以二叉分枝形态算法为例论述数字工具对算法的实现，采用的软件是 Rabbit，如图 3-21、图 3-22 所示。

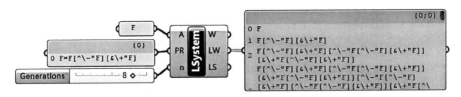

图 3-21　步骤一：输入起始状态 F、规则 F[^\－"F][&\＋"F]，迭代次数（此处为 8），得到字符集

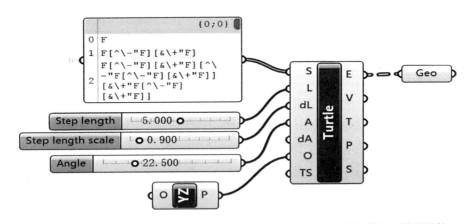

图 3-22　步骤二：将字符集输入海龟元件，控制步长、缩放比例和角度，输出形体

假二叉分枝形态算法、合轴分枝形态算法的数字工具实现与此类似。但是随机分枝形态算法不能通过改写 L-System 算法而实现，需要进行编程。

```
import rhinoscriptsyntax as rs
import Rhino. Geometry as rg
import random
def recursiveLine(line, depth, resultList):
```

```
n = int(random. random() * 10+1) ♯ 随机迭代次数
Br = int(random. random() * 10+1) ♯ 随机分叉枝数
Bra = [ ]
ran = [ ]
for i in range(Br):
    pt1 = line. PointAt(0)
    pt2 = line. PointAt(1)
    dir0 = rg. Vector3d(pt2. X-pt1. X, pt2. Y-pt1. Y, pt2. Z-pt1. Z)
    Bra. append(dir0)
    ran1 = random. randrange(−1, i, 1)
    ran. append(ran1)
    Bra[i]. Rotate(ran[i] * random. random(), rg. Vector3d. ZAxis) ♯ 随机旋转角度
    Bra[i] *= random. random(); ♯ 随机步长的缩放倍数
    line1 = rg. Line(pt2, pt2+Bra[i])
    resultList. append(line1)
    if(depth>0):
        recursiveLine(line1, depth-1, resultList)
a = [ ]
recursiveLine(line, n, a)
```

用 Python 语言实现随机分枝算法，可见对迭代次数、分叉枝数、旋转角度、步长缩放倍数的随机数字的实现过程。

**6. 与生物原型形态相关形体的生成**

利用上述软件和规则系统可以生成与分枝形态相关的形体，如图 3-23 所示。

图 3-23  二叉分枝、假二叉分枝、合轴分枝、随机分枝算法
生成的与生物原型形态相关的形体

**7. 其他形体的生成**

由上述的数字工具可知，影响该算法生形的因素包括原始形体、字符串、迭代次数、自相似缩放比例、旋转角度、随机分枝形态算法的随机数生成器，如图 3-24～图 3-26 所示。

图 3-26 的右侧图是合轴分枝的极端形态，即每次旋转的角度均为直角，该形体也被称为希尔伯特曲线（Hilbert Curve），是一种以非整数维填充空间的形式。

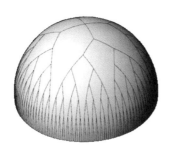

图 3-24　以二叉分枝算法为基础而生成的数字仿生形体

图 3-25　以随机分枝算法（每一次迭代分枝数量随机）为基础而生成的形体

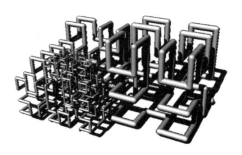

图 3-26　以合轴分枝算法为基础而生成的形体

**8. 建筑形体的生成**

该部分以假二叉分枝算法为例，首先利用假二叉分枝算法生成四个结构体系，之后把结构最上方的点连成三角形网络，使整个构筑物连成一体，如图 3-27、图 3-28 所示。

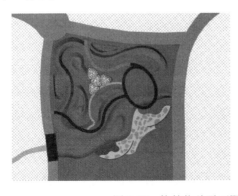

图 3-27　构筑物总平面图和建筑顶视图

图 3-28　构筑物透视图

**9. 小结**

L-System 是一种经典的分形形体生成算法，具有模拟多种生物形态的能力。本节所介绍的算法基于 L-System，并专注于分枝形态的生成。这种方法生成的形体具备自相似分形的特征，适用于模拟那些具有分枝或分形形态的建筑结构。此外，分叉的线段组合可用于围合多边形，从而实现对曲面的切割，为曲面细分模式提供了额外的选择。

在使用这四种算法时，结合数字工具需要注意输入的原始字符串。如果输入字符串过于复杂或具有较大的随机性，生成的形体可能会显得混乱不堪。值得一提的是，即使是随机分枝形态算法，也需要对随机数进行适度的控制。这四种算法的优势在于它们能够用相对简单的规则生成相对复杂的形体。

未来，这些算法的拓展方向将聚焦于将形体生成算法与建筑形态相结合。通过利用二叉分枝、假二叉分枝、合轴分枝和随机分枝等相对抽象但简单的算法，可以生成柱状结构、穹顶、纹样等建筑构件。这些构件可以供建筑师根据需要选择使用，为建筑设计提供更多可能性。希尔伯特曲线还可以用于生成立面和铺装纹样，为建筑领域的应用提供了潜在的解决方案。

### 3.2.3 宏观自然形态算法生形设计例——基于"种群内多种群形态"的数字建筑形体生成算法研究与应用

**1. 群落内多种群形态**

群落内多种群之间的关系是由种群内部个体的行为所决定的，种群间的生物（动物）行为主要有攻击行为、防御行为、共生行为、寄生行为、共栖行为。但是其种群间的关系可以概括为直接的和间接的两种关系，上述行为和关系所产生的种群间相互作用主要有两大类：正相互作用、负相互作用。

正相互作用可以细分为互利共生、偏利共生、原始协作三类。互利共生是两个种群长期共同生活在一起，彼此相互依存，互相受利。偏利共生即种群间的相互作用对其中一方有利，而对另外一方无影响。原始协作与其他正相互作用不同的是双方在一起时获利，各自分开时仍旧能独立生存。

负相互作用包括捕食、偏害、竞争、寄生。捕食作用是两个种群之间完全对抗的作用，其结果是其中一个种群对另一个种群造成数量减少，但是作用是相互的，当猎物少的时候，捕猎者会"饿死"，同样造成捕猎者数量的减少。偏害是种群间的相互作用只对其中一方有害，而对另外一方无影响。种群间的竞争包括对资源利用性的竞争（为了争夺有限的资源）、相互干扰性竞争（为了争夺资源损害其他个体而引起的竞争）、似然竞争。寄生作用是寄生生物种群依赖宿主才能生存的作用，寄生生物种群的个体数量变化同宿主个体数量变化相比是滞后的同律变化。

无论是正相互作用还是负相互作用，其结果均是造成多种群内部个体数量呈现此消彼长的周期平稳振荡变化或者随机变化。正相互作用虽然对单种群是有利的，但是考虑到环境和自身竞争等因素，其结果也不会是种群数量无限制的增长。负相互作用同理。

比如在描述寄生作用的 Nicholsom—Bailey 模型中，便能够显示出两个种群周期平稳震荡变化的特征。

$$N_{t+1} = FN_t \cdot e^{-QP_t^{1-m}} \tag{3-3}$$

$$P_{t+1} = N_t \cdot (1 - e^{-QP_t^{1-m}}) \tag{3-4}$$

Nicholsom—Bailey 模型，$N$ 表示宿主种群；$P$ 表示寄生物种群；$F$ 表示宿主种群繁殖率；$Q$ 表示搜索常数（无制约条件下的发现域）；$m$ 表示相互干扰常数，即 $m$ 越大，搜索效率下降越快；$t$ 表示时间步。在该模型中，$N_t$ 和 $P_t$ 分别代表在时间步"$t$"时宿主（Host）和寄生物（Parasitoid）的种群密度，$t+1$ 表示下一个时间步的种群密度。

如图 3-29 所示为 $m$ 为 $0.3 \sim 0.6$ 时，宿主和寄生者的种群内部个体数量的变化图。

关于生物种群之间的方程是抽象了的互动模型，这些方程和模型最直接的优点是利用数学方法导出物种数量持续性振荡变化的结论，这些结论用纯粹的语言很难描绘出来。

种群个体数量随机变化的特点是个体数量基本上还是保持在一定的范围之内，但是变化特点不呈现规律性。

**2. 群落内多种群相互作用的形态特点**

当多种群之间相互作用时，考虑到生境与群落内部的影响因素，当种群间趋于稳定时，种群内部的个体数量呈现振荡性或者随机变化。

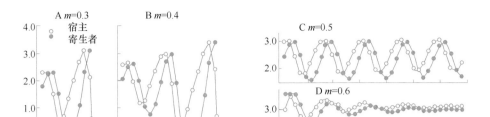

图 3-29　m 为 0.3～0.6 时，宿主和寄生者的种群内部个体数量的变化图

**3. 群落内多种群相互作用的形态图解**

图 3-30 显示在群落中的多种群作用初期，种群的个体数量是呈现不规则的变化的，而随着反应的不断进行，多种群之间趋于稳定，各个种群内部个体数量呈现周期性平稳振荡变化。

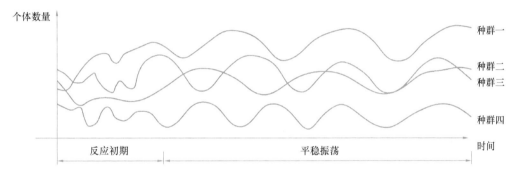

图 3-30　群落内多种群相互作用的形态图解

**4. B-Z 振荡反应及其拓展算法**

B-Z 振荡反应（B-Z Oscillation Reaction）是 1921 年由伯克利加州大学的 Bray William 第一次发现的，但当时因为经典热力学认为化学反应只能走向平衡态，所以这个发现被当时的科学界否认。1952 年著名的数学家 Alan Mathison Turing 通过数学的方法证明了振荡化学反应的存在。俄国化学家 B. P. Belousov 和 A. M. Zhabotinskii 以铈作催化剂，将柠檬酸和溴酸钾相互作用时发现化学振荡反应现象，即溶液在无色透明和淡黄色透明两种状态中规则的周期振荡。此后，此反应以两人的首字母命名为 B-Z 振荡反应。普利高津提出了耗散结构理论，阐释了系统在远离平衡态的时候无序的均匀态会逐渐瓦解而产生有序的时空状态，在理论层面上解释了振荡反应的原因。

B-Z 振荡反应可以解释种群涨落的变化规律，模拟生物种群间相互作用而产生的周期性变化。不仅如此，B-Z 振荡反应还可以说明一些生命现象，比如心跳、呼吸、细胞中微量元素的含量变化等。不同催化剂浓度下的 B-Z 振荡反应物质浓度曲线如图 3-31 所示。

以下对 B-Z 振荡反应及其拓展算法的流程图（图 3-32）进行解释和说明。

在此流程图中，Step2 的初始种群是随机存在的，随机占领"生境"的每一个点，由此作为下一步迭代的初始依据。

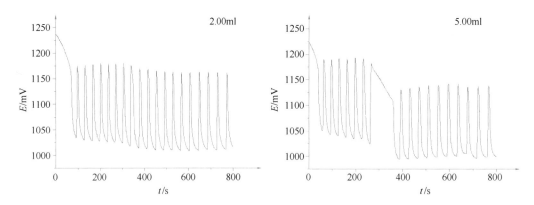

图 3-31    不同催化剂浓度下的 B-Z 振荡反应物质浓度曲线

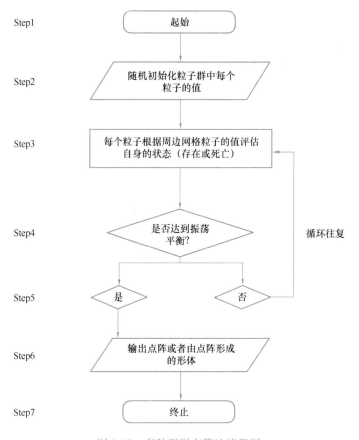

图 3-32    多种群形态算法流程图

Step3、4、5 模拟的是种群内个体的"存在"或者"死亡",依据的是周边粒子对其的影响,即受到其他种群个体或者环境的影响而改变自身的状态。

由此可见,定义个体粒子与其周边粒子的规则成为此算法的关键,这也是元胞自动机的规则。英国化学家和科普作家 Philip Ball 将 B-Z 振荡反应复杂的规则(涉及 20 多个不同的化学反应)简化成三个关系:

(1)A+B→2A

（2）B+C→2B

（3）C+A→2C

加号前面的物质都是新生成的物质，会和加号后面的物质合并生成两个自身，如此过程不断地进行，形成循环振荡的反应。将上面的公式进行改写，即当下一时刻（$t+1$）来临时，A、B、C 三种物质的数量取决于当前时刻（$t$）各自的数量，$A_{t+1}$ 物质的数量取决于 $A_t$、$A_t$ "吃掉"的 $B_t$ 的数量、$A_t$ 被 $C_t$ "吃掉"的数量三个数值，即：$A_{t+1}=A_t+A_t\times(B_t-C_t)$。同理，简化的 B-Z 振荡反应数学方程如下：

$$A_{t+1} = A_t + A_t \times (m_1 \times B_t - n_1 \times C_t) \tag{3-5}$$
$$B_{t+1} = B_t + B_t \times (m_2 \times C_t - n_2 \times A_t) \tag{3-6}$$
$$C_{t+1} = C_t + C_t \times (m_3 \times A_t - n_3 \times B_t) \tag{3-7}$$

其中，$m_1$、$m_2$、$m_3$、$n_1$、$n_2$、$n_3$ 均为常数，描述的是不同物质之间反应强度。该规则也反映了群落内多种群之间的关系——不同种群个体之间的捕食与被捕食关系。

由下文的程序中可以看到 B-Z 振荡反应对于此规则的应用。

**5. 用数字工具实现"B-Z 振荡反应及其拓展算法"**

B-Z 振荡反应可以在 Processing 软件中编写出来。

```
float [][][] a;
float [][][] b;
float [][][] c;
int p = 0, q = 1;
void setup(){
  size(400,400);
  colorMode(RGB,1.0);
  a = new float [width][height][2];
  b = new float [width][height][2];
  c = new float [width][height][2];
  for (int x = 0; x < width; x++) {
    for (int y = 0; y < height; y++) {
      a[x][y][p] = random(0.0,1.0);
      b[x][y][p] = random(0.0,1.0);
      c[x][y][p] = random(0.0,1.0);
    } }}
void draw(){
  for (int x = 0; x < width; x++) {
    for (int y = 0; y < height; y++) {
      float c_a = 0.0;
      float c_b = 0.0;
      float c_c = 0.0;
      for (int i = x - 1; i <= x+1; i++) {
        for (int j = y - 1; j <= y+1; j++) {
          c_a += a[(i+width)%width][(j+height)%height][p];
```

```
          c_b += b[(i+width)%width][(j+height)%height][p];
          c_c += c[(i+width)%width][(j+height)%height][p];
        }
      }
      c_a /= 9.0;
      c_b /= 9.0;
      c_c /= 9.0;        //将自身与周边 8 个点进行计算。
      a[x][y][q] = constrain(c_a + c_a * (1.2 * c_b - c_c), 0, 1);
      b[x][y][q] = constrain(c_b + c_b * (c_c - 1.2 * c_a), 0, 1);
      c[x][y][q] = constrain(c_c + c_c * (c_a - c_b), 0, 1);
      set(x, y, color(a[x][y][q], b[x][y][q], c[x][y][q]));        //这是关键的一步,即方程的写
入(与上述的简化的 B-Z 振荡反应数学方程相同)。
    } }
  if (p == 0) {
    p = 1; q = 0;
  }
  else {
    p = 0; q = 1;
  } }
```

源代码作者：Alasdair Turner，作者改写。

以上为在二维平面上实现算法的源代码，其核心部分是改变自身的方程部分（按照简化的 B-Z 振荡反应数学方程写入），该部分定义每一个粒子的自身状态是根据现阶段自身和周边 8 个粒子的状态计算出自身的数值，之后将所得到的数值填充到 $x$、$y$ 的平面中以形成图案。

该算法也可以拓展到三维形式，即基于元胞自动机的规则制定点的"生""死"，但规则不一定局限于 B-Z 振荡反应。

```
for (int i=0; i<HOR; i++) {
  for (int j=0; j<VER; j++) {
    for (int k=0; k<VER; k++) {
      if (jimmy[(i+HOR)%HOR][(j+VER)%VER][(k+ZED)%ZED][3][p] == mState) {
        stroke(0);
        strokeWeight(4);
        P = new PVector (jimmy [i][j][k][0][p]−HOR * space/2, jimmy [i][j][k][1][p]
−VER * space/2, jimmy [i][j][k][2][p]−ZED * space/2);
        point(P. x, P. y, P. z);
      }    }    }    }        //首先建立所有的点。
  for (int x = 0; x < HOR; x++) {
    for (int y = 0; y < VER; y++) {
      for (int z = 0; z < ZED; z++) {
```

```
            int a = 0;
            int b = 0;
            int s = 0;
            for (int i = x − 1; i <= x+1; i++) {
                for (int j = y − 1; j <= y+1; j++) {
                    for (int k = z − 1; k <= z+1; k++) {
                        if ((jimmy[(i+HOR)%HOR][(j+VER)%VER][(k+ZED)%ZED][3][p]>
0) && (jimmy[(i+HOR)%HOR][(j+VER)%VER][(k+ZED)%ZED][3][p]< mState)) {
                            a = a + 1;                    }            }            }            }
```

//以上循环是定义点的状态———感染，即当 jimmy 值处在 0 与 mState 之间。

```
            for (int i = x − 1; i <= x+1; i++) {
                for (int j = y − 1; j <= y+1; j++) {
                    for (int k = z − 1; k <= z+1; k++) {
                        if (jimmy[(i+HOR)%HOR][(j+VER)%VER][(k+ZED)%ZED][3][p] ==
mState) {            b = b + 1;                    }            }            }
```

//以上循环是定义点的状态———病点，即当 jimmy 值为 mState。

```
                if (jimmy [x][y][z][3][p] == mState) {
                jimmy [x][y][z][3][q] = 0;        //病点状态的数值取值。
                } else if   (jimmy [x][y][z][3][p] == 0) {
                jimmy [x][y][z][3][q] = int (a / k1) + int (b / k2);//健康状态的数值取值。
                } else jimmy [x][y][z][3][q] = int (s / (a + b + 1)) + G ;
                if (jimmy [x][y][z][3][q] > mState) {
                jimmy [x][y][z][3][q] = mState;                }        }        }
        if (p == 0) {
        p = 1;
        q = 0;
        } else {
        p = 0;
        q = 1;        }
```

//以上为取值的计算过程,每个点会根据数值决定是否被其他的点"感染"而改变自身的状态,以致来决定是"重生"还是"死亡"。

三维程序的核心代码，显示了元胞自动机的一种规则——三维点阵通过周边的点的"感染"和计算数值决定自身的存在与否。

6. 振荡反应动态过程的生成

将上述代码写入 Processing，可以生成振荡反应的动态过程。

图 3-33 从左至右分别为三种颜色互相影响下随着时间的推移而形成的不同形态，模拟的是振荡反应的动态过程以及多种群之间此消彼长的相互关系，该平面中一共 400×400 个点，最初由颜色随机"占领"，后经过代码的变换，逐步形成右侧图中不断循环变换的图案。

三维"元胞自动机"振荡过程是在二维振荡反应过程基础上演化而来的，首先是将所有的点全部"占领"，随着时间的推移，每个点不断和周围的点发生关系，以确定该点的

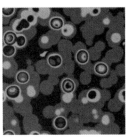

图 3-33　二维平面上的振荡反应动态过程

"生"或者"死"，由此形成稳定的周期振荡的形态（图 3-34）。

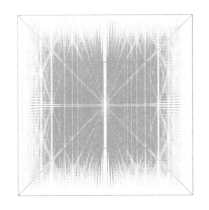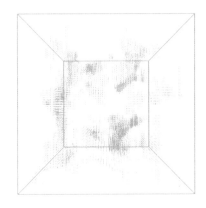

图 3-34　三维"元胞自动机"振荡过程的生成

如果要模拟多种群相互影响造成的种群个体随机性变化，则需要将影响参数加入随机值，生成的形体便体现了随机性。

7. 其他形体的生成

影响二维算法生形的参数主要是 c _ a、c _ b、c _ c 每次迭代除以的数字（即本点参考周围点的数量），如果是 9，则每次迭代参考的是该点平面周围的 8 个点和本身一共 9 个点，如果改变这个数字（数字取值范围是 1～9 之间的整数，包括 1 和 9），会对二维算法程序生形产生较大影响（图 3-35、图 3-36）。另外，方程中的 $m_1$、$m_2$、$m_3$、$n_1$、$n_2$、$n_3$ 常数的改变也会影响生形，同时这几个数字如果不相等，就会出现某一种物质在反应中比较"强势"。

图 3-35　c _ a、c _ b、c _ c 每次迭代除以的数字为 1、3、4 而生成的图案

图 3-36 c_a、c_b、c_c 每次迭代除以的数字为 5、7、9 而生成的图案

将二维图案在 $z$ 轴方向拉伸而生成的图案如图 3-37 所示。

图 3-37 将二维图案在 $z$ 轴方向拉伸而生成的图案

由上文所述，影响三维算法生形的参数是 mState（"病"点判断参数 —— "感染"范围，即哪些点影响本点）、影响规则，即方程及其常数，由此形成不同的稳定振荡形式的点云。

**8. 建筑形体的生成**

由上文可知，B-Z 振荡反应及其拓展算法的程序有二维和三维两种，此处由两种程序共同生成一个建筑形体（图 3-38）。

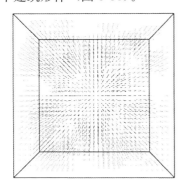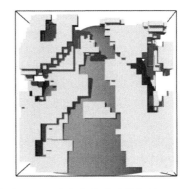

图 3-38 首先利用三维程序生成点阵，之后选取在椭球形外部的
点阵形成六面体，组成连续的曲面

之后在形体的底部以二维程序生成地面的铺装，地面铺装由三种材质组成：透明玻璃、灰色石材、白色石材，三者共同组成具有曲水流觞状的地面形态，透明玻璃使人能够看到其下面的水和石材的倒影（图 3-39、图 3-40）。

图 3-39　地面设计平面图和透视图

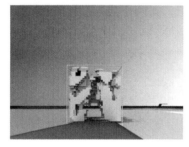

图 3-40　建筑形体透视图

**9. 小结**

B-Z 振荡反应及其拓展算法是一种复杂的元胞自动机算法，该算法每个单元利用自身和周围的单元状态来决定自身的状态，达到平衡后出现不断往复循环的形态。

结合数字工具来说，该算法有二维和三维两种，二维算法生成的形体以颜色的形式出现，三维算法和数字工具生成的形体以点阵的形式出现，故该算法可以用在二维的纹样设计和三维的点阵设计上。二维纹样生成可以直接利用成为建筑形体的一部分，后续的深化设计较少，三维点阵的生成则需要对点阵进行后续深化设计，以满足多样化生形的要求。

此算法生成的形体是循环往复的变化的形态，理论上来说是有限个，但如果加设随机函数，则生成的形体可以无限多样化，但是会增加可控的难度。

## 3.3　高阶应用

### 3.3.1　编程语言

#### 1. Python：现代编程的多面之王

作为计算机编程领域的瑰宝，Python 以其简洁优雅、易读易学的语法，成为众多开发者的首选编程语言。从初学者到资深开发者，Python 都以其强大的多样性和广泛的应用领域脱颖而出。本节将探讨 Python 的历史、特点、应用领域以及未来发展前景。

Python 这门编程语言诞生于 20 世纪 90 年代初，由荷兰计算机科学家 Guido van Rossum 创造。他的设计哲学强调代码的可读性和清晰性，这也是 Python 成为易学易用语言的重要原因之一。Python 这个名字并非源于爬行动物，而是取自英国喜剧团体"蒙提·派森"的一个喜剧片段。自诞生以来，Python 经过了多个版本的迭代，不断演变为一门功能丰富、生态系统完备的编程语言。

Python 的语法设计旨在使代码具有高可读性，这使得初学者很容易入门。代码中不需要过多的标点符号，而是通过缩进来表示代码块，这也使得代码结构清晰，减少了出错的可能性。

另外，Python 是一门多范式编程语言，支持面向对象、函数式和过程式编程。这使得开发者能够根据项目需求选择最适合的编程风格，提高了代码的灵活性和重用性。

Python 还以其丰富的标准库和第三方库而闻名。无论是网络开发、数据科学、人工智能，还是物联网，Python 都有相应的库和工具，极大地加速了开发过程。其中，NumPy、Pandas、Matplotlib 等在数据科学领域发挥了重要作用，而 Django、Flask 等则在 Web 开发中表现出色。

Python 在各个领域都有广泛的应用。

（1）Web 开发：Python 的 Web 框架（如 Django、Flask）使得构建高效、可扩展的网站变得轻而易举。

（2）数据科学：Python 在数据处理、分析和可视化方面具有强大的能力，被广泛用于数据科学家和分析师的工作。

（3）人工智能与机器学习：Python 成为人工智能和机器学习的首选语言，因为其有丰富的库（如 TensorFlow、PyTorch）支持，简化了复杂模型的开发和训练。

（4）自动化与脚本：由于语法简洁，Python 常被用于编写自动化脚本，从日常任务到系统管理都能胜任。

（5）科学计算：Python 在科学计算领域有着广泛的应用，科研人员可以使用其进行数值模拟、实验数据分析等。

（6）游戏开发：Python 也可以用于游戏开发，虽然不如专门的游戏引擎，但在一些小型游戏中有应用。

#### 2. Java 编程语言综述

Java 作为一种广泛使用的编程语言，以其跨平台性、面向对象的特性和丰富的生态系统深受开发者的喜爱。本书将从历史发展、语言特性、应用领域以及未来展望等方面对

Java 编程语言进行综述。

Java 编程语言由 Sun Microsystems 公司于 1995 年首次推出，最初被设计为一种适用于嵌入式系统的编程语言。然而，随着互联网的兴起，Java 很快成为一种跨平台的选择，允许开发者编写一次代码，然后在不同操作系统上运行。1996 年，Java 发布了 Applet 技术，使得浏览器能够运行小型的 Java 程序，这进一步推动了 Java 的流行。

Java 的语言特性为其长期受欢迎提供了坚实的基础。它是一种面向对象的语言，鼓励开发者使用类和对象来组织代码。Java 还支持继承、封装、多态等面向对象的概念，使得代码更具可维护性和可扩展性。此外，Java 内置了垃圾回收机制，帮助开发者管理内存，减少内存泄漏问题。

Java 的另一个重要特性是跨平台性。通过 Java 虚拟机（JVM），Java 程序可以在不同操作系统上运行，只需编写一次，且不必担心底层操作系统的差异。这为开发者提供了便利，同时也使得 Java 成为大型应用和企业级系统的首选语言。

Java 在各个领域都有广泛的应用。在企业领域，Java 被广泛用于开发大型的后台系统、企业应用和金融软件。许多大型网站和电子商务平台也采用 Java 来处理高并发的请求，保证系统的稳定性和性能。

在移动开发方面，Java 也发挥着重要作用。Android 操作系统使用 Java 作为其主要的编程语言，开发者可以利用 Java 来构建丰富多样的移动应用程序。

此外，Java 在嵌入式系统、科学计算、游戏开发等领域也有应用。它的灵活性使得开发者可以根据不同领域的需求，选择合适的 Java 平台和框架。

### 3.3.2 Python 编程生成设计例——基于"叶序形态"的数字建筑形体生成算法研究与应用

3-3 Python编程生成设计例

**1. 叶序的形态**

叶序分为互生叶序、对生叶序、轮生叶序、簇生叶序四种（图 3-41）。互生叶序是每节着生一片叶，交互而生；对生叶序是每节着生两片叶，相对而生；轮生叶序是每节着生三片或多片叶，辐射排列；簇生叶序是短枝上叶作簇状着生。

四种叶序的叶子在节上着生的位置、角度不同，叶柄的长短、生长方向也不同，以利于叶子争取到最大的阳光辐射，这种现象是植物器官进化的结果。

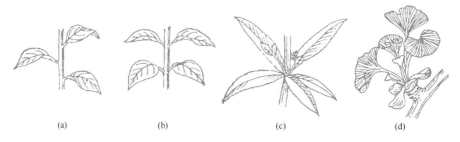

(a)　　　　　　(b)　　　　　　(c)　　　　　　(d)

图 3-41　叶序形态

（a）互生叶序；（b）对生叶序；（c）轮生叶序；（d）簇生叶序

其中，互生叶序的形态在植物的很多器官形态中均有体现，比如植物的果实排列形态中很多便有类似于互生叶序的形态（图 3-42）。

图 3-42  互生叶序形态在植物种子和果实形态中的体现
（a）罗马花椰菜果实形态；（b）松科植物的果实形态；（c）向日葵的果实形态

**2. 叶序的形态特点**

（1）互生叶序形态特点

1）每节着生一片叶；

2）相邻着生的叶子之间平面投影夹角为 $137.5°$；

3）平面上看叶子形成两组方向相反的阿基米德曲线；两组曲线的个数为费波拉契（Fibonacci）数列（1，1，2，3，5，8，13，21……）的相邻两项；

4）叶片形成的螺线的圈数与这些圈中生长的叶片数量是费波拉契数列的两个相邻隔项：1 与 3、2 与 5、3 与 8、5 与 13……。

（2）对生叶序形态特点

1）每节着生两片叶；

2）每节两片叶之间平面投影夹角 $180°$；

3）相邻两节的叶子平面投影夹角多数呈 $90°$（交互对生），也有重合的（二列对生），也有不定的角度（通常是 $30°\sim60°$ 之间）。

（3）轮生叶序形态特点

1）每节着生 3 片或多片叶，最多可以到 11 片（七叶一枝花）；

2）叶子之间的平面投影夹角为 $360°/n$（$n$ 为每节上着生的叶片个数）；

3）相邻两节的叶子平面投影旋转角度不定，但多数为 $180°/n$。

（4）簇生叶序形态特点

簇生叶序是叶在极度缩短的茎上作簇状着生，实际上是由互生、对生、轮生叶序变化而来，也就是把互生、对生、轮生叶序的节间极度缩短即为簇生叶序。

由此可见，叶序的形态特点可分为两种：一是互生叶序的形态特点；二是对生和轮生叶序的形态特点，每节叶子的数目为 2、3 或者以上，每节叶子平分平面投影的一个周角，相邻两节的叶片在平面投影上的旋转角度不定。

**3. 叶序的形态图解**

图 3-43（a）示意鳞毛蕨叶的发生（条端按顶面观作图），叶子按照固定角度（137.5°）以年龄顺序生长。$ac$ 为顶端细胞，$P_1$、$P_2$、$P_3$、$P_4$ 等为按照年龄顺序排列的叶原基，$P_4$ 年龄最大；$I_1$、$I_2$ 为即将产生的叶原基，大的双虚线表示的圆周是生长锥的大体范围，亚顶端区在双虚线圆周之外，单虚线的圆周表示每一叶原基的抑制范图。图 3-43（a）中 2 周的螺旋线内生长了 5 片叶片（以原点计，每片叶子旋转 137.5°，5 片叶子共旋转 687.55°，2 周之内 5 片叶片），为费波拉契数列的相邻两隔项。叶子的生长轨迹连接起来为一条阿基米德曲线（阿基米德曲线又称为等速螺线，是一点 $P$ 围绕一个中心 $O$ 作等角速度运动，而 $PO$ 距离等速增加时 $P$ 点形成的轨迹），而生成的点阵会形成如图 3-43（b）所示的两个方向的螺旋线，左旋螺旋线条数为 5，右旋螺旋线条数为 3，为费波拉契数列的相邻两项。

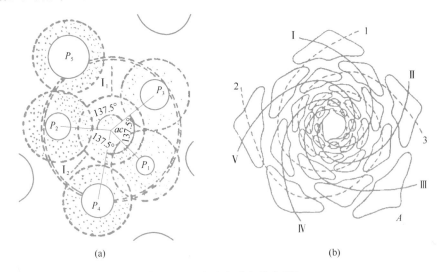

(a)                                  (b)

图 3-43　互生叶序形态特点图解

对生叶序和轮生叶序形态特点图解如图 3-44 所示。

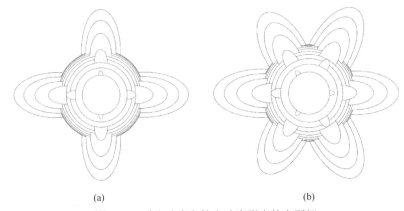

(a)                                  (b)

图 3-44　对生叶序和轮生叶序形态特点图解

(a) 对生叶序形态特点图解；(b) 轮生叶序形态特点图解
（每个茎节生长三片叶片，每个茎节旋转 60°）。

注：图中中心的同心圆为茎在茎节处的平面剖断线，半椭圆代表叶片。

**4. 叶序算法**

互生叶序算法流程图如图 3-45 所示。

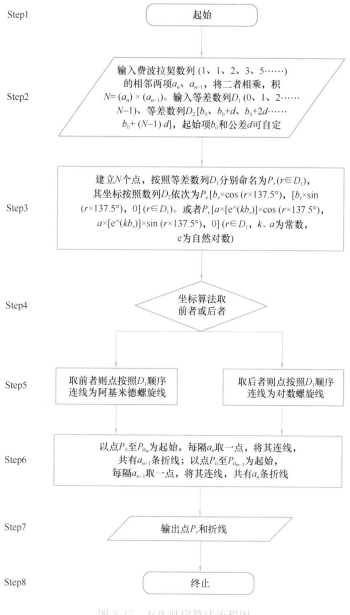

Step1 　起始

Step2 　输入费波拉契数列 (1、1、2、3、5……) 的相邻两项$a_n$、$a_{n+1}$，将二者相乘，积 $N=(a_n)\times(a_{n+1})$。输入等差数列$D_1$ (0、1、2…… $N-1$)、等差数列$D_2$ [$b_0$、$b_0+d$、$b_0+2d$…… $b_0+(N-1)d$]，起始项$b_0$和公差$d$可自定

Step3 　建立$N$个点，按照等差数列$D_1$分别命名为$P_r$($r\in D_1$)，其坐标按照数列$D_2$依次为$P_r$[$b_r\times\cos(r\times137.5°)$，[$b_r\times\sin(r\times137.5°)$，0] ($r\in D_1$)。或者$P_r$[$a\times[e^{\wedge}(kb_r)]\times\cos(r\times137.5°)$，$a\times[e^{\wedge}(kb_r)]\times\sin(r\times137.5°)$，0] ($r\in D_1$，$k$、$a$为常数，e为自然对数)

Step4 　坐标算法取前者或后者

Step5 　取前者则点按照$D_1$顺序连线为阿基米德螺旋线　　取后者则点按照$D_1$顺序连线为对数螺旋线

Step6 　以点$P_0$至$P_{a_{n+1}}$为起始，每隔$a_n$取一点，将其连线，共有$a_{n+1}$条折线；以点$P_0$至$P_{a_n}$为起始，每隔$a_{n+1}$取一点，将其连线，共有$a_n$条折线

Step7 　输出点$P_r$和折线

Step8 　终止

图 3-45　互生叶序算法流程图

在上述流程图中，Step2 中因按照互生叶序排列的叶子着生点的投影在平面上会形成两个方向的螺旋曲线，两个方向的螺旋曲线的条数正好是费波拉契数列的相邻两项，如果其总的点数为上述的 $N=(a_n)\times(a_{n+1})$，则 Step6 中形成的同一方向上的所有折线控制点数相等，反之则不相等。

Step3 中的 137.5° 是本算法的核心数据，互生叶序中相邻长出的叶片理想夹角均为 137.5°（实际为：360°/($\phi2$) ≈137.507…°，其中 $\phi=1/2\times[5^{\wedge}(1/2)+1]$）。

Step4 中因阿基米德螺旋线和对数螺旋线的形成机制不同，阿基米德螺旋线上的点距离中心起始点的距离成等差数列，对数螺旋线上的点距离中心起始点的距离成指数关系。两种螺旋曲线在生物形态中均有实例：如果把植物的茎看作是从下而上截面直径均匀变化的，则叶基着生在颈上的点所形成的曲线即是阿基米德螺旋线；海螺的贝壳曲线则是典型的对数螺旋线。此外，对数螺旋线中存在一种特殊情况，即 Step3 中的 $k<0$，形成由内向外螺旋线之间的距离逐渐拉近的费马螺旋线（Fermat Spiral）。

因此处论述的相邻点的角度差为 137.5°，角度过大，在 Step5 中若要形成相应的螺旋曲线，须在相邻点之间插入点，缩小形成曲线的相邻点的角度后方可形成相应的螺旋曲线。

Step6 中的折线即为两个相反方向的螺旋折线，条数为费波拉契数列的相邻两项。

对生、轮生叶序算法流程图如图 3-46 所示。

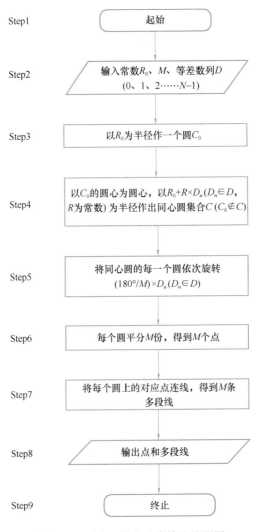

Step1　起始

Step2　输入常数 $R_0$、$M$、等差数列 $D$（0、1、2……$N-1$）

Step3　以 $R_0$ 为半径作一个圆 $C_0$

Step4　以 $C_0$ 的圆心为圆心，以 $R_0+R×D_n$（$D_n∈D$，$R$ 为常数）为半径作出同心圆集合 $C$（$C_0∉C$）

Step5　将同心圆的每一个圆依次旋转（180°/$M$）×$D_n$（$D_n∈D$）

Step6　每个圆平分 $M$ 份，得到 $M$ 个点

Step7　将每个圆上的对应点连线，得到 $M$ 条多段线

Step8　输出点和多段线

Step9　终止

图 3-46　对生、轮生叶序算法流程图

在上述流程图中，Step2 中输入的等差数列也可以是其他形式的数列，由此形成的形态也随之变化。

Step3 定义的是初始的内圆。

Step4 中同心圆之间的距离 $R$ 和数列的形式决定了点阵的形式。

Step5 中每一个圆旋转的角度呈等差数列，使 Step6 中生成的不同圆上的点呈错位对齐的形式。旋转这些圆是因为对生、轮生叶序每茎节所生长的叶子均旋转一定的角度，多数是一处着生的相邻叶片夹角的 1/2，即角度为 $180°/M$，$(180°/M) \times D_n$ 是每一个茎节的旋转角度，是一个等比数列，$D_0$ 旋转 $0°$，$D_1$ 旋转 $180°/M$，$D_2$ 旋转 $360°/M$ 等。$M$ 是每个叶片着生点生长叶片的数量。$M=2$ 时是对生叶序算法、$M>2$ 时是轮生叶序算法。

Step6 模拟的是每个茎节生长 $M$ 片叶子。

Step7 中可以得到一组螺旋线，如果 Step5 中的旋转方向为 $-(180°/M) \times D_n$，则得到另外一组方向相反的螺旋线。

**5. 用数字工具实现"叶序算法"、与生物原型形态相关形体的生成**

互生叶序算法可以用多种软件及语言编程予以实现，此处采用的是 Rhinoceros 内置的 Python 语言编程。

步骤一是费波拉契数列的建立以及取值，费波拉契数列的特殊性在于每个项的数值等于前两项数值之和，且第一、第二项的数值均为 1。Python 语言的内置函数中没有费波拉契数列的函数，需要用迭代的方法予以实现。

```
import rhinoscriptsyntax as rs        ♯引入 rhinoscriptsyntax 模块。
import math        ♯引入 math 模块。
class Fibonacci():        ♯定义一个费波拉契数列的类。
    def __init__(self):        ♯初始化首项的数值。
        self. a=0        ♯首项值是 0,不予显示。
        self. b=1        ♯第一项定义为 1。
    def next(self):        ♯定义迭代的规则。
        self. a, self. b=self. b, self. a+self. b        ♯定义迭代规则
        return self. a        ♯返回初始值。
    def __iter__(self):        ♯对迭代规则的实现。
        return self
f=Fibonacci()        ♯定义一个实例,为上述的类。
Fibonacciserial=[]        ♯定义一个空的列表,以后填入数列的各项。
for i in range(100):        ♯使用 for 循环,100 个项。
    Fibonacciserial. append(f. next())        ♯使用 next()的方法取值,并将值写入原来定义的空的列表中。
print(Fibonacciserial)        ♯显示费波拉契数列。
Xextract=7        ♯取值第 8 项(第一项索引值是 0,实际取的是第八项):21
n=Fibonacciserial[Xextract] * Fibonacciserial[Xextract+1]        ♯第八项与第九项乘积。
```

显示的数列每项的值是[1, 1, 2, 3, 5, 8, 13, 21, 34, 55, 89, 144, 233, 377, 610, 987, 1597, 2584, 4181, 6765, 10946, 17711, 28657……]

步骤二是在上一步的基础上进行点阵的建立，如算法所示，点阵围绕着一个中心展开，可以用极坐标的方法予以赋值。

```
point=[]    ＃建立空的列表，以后填入各个点。
r=math. radians(360/math. pow((math. sqrt(5)＋1)/2,2))  ＃定义了137.5°的准确角度值。
for i in range(n):    ＃使用 for 循环。
    mpoint=rs. AddPoint(i＊math. cos(i＊r),i＊math. sin(i＊r),0)    ＃用极坐标的方法定义了
n 个点。
    point. append(mpoint)    ＃将定义的点填入已定义的空的列表。
```

n 的值是 714，模拟的是算法中所定义的等差数列 D1。D1 的数值就是输出的点的数量，并给每个点进行编号，编号的编程详见下文。极坐标中的 i 的值模拟的是算法中等差数列 D2 中的项值，是每个点距离原点的距离。

步骤三是取出每隔一定数量的点，将其连成折线。本次生形是每隔 21 或者 34 个点取出 1 点。

```
crv1=[]    ＃定义一个空的列表，以后填入各条折线。
crv2=[]    ＃同上
for i in range(Fibonacciserial[Xextract]):    ＃取值 Fibonacciserial[Xextract]，一共形成 Fibonacci-
serial[Xextract](21)条折线，每条折线开始的点的编号为 0 到 Fibonacciserial[Xextract]-1(20)。
    polyline=rs. AddPolyline(points[i::Fibonacciserial[Xextract]])    ＃形成 Fibonacciserial[Xe-
xtract](21)条折线。
    crv1. append(polyline)    ＃将形成的折线加入列表。
for i in range(Fibonacciserial[Xextract＋1]):    ＃同上
    polyline=rs. AddPolyline(points[i::Fibonacciserial[Xextract＋1]])
    crv2. append(polyline)
```

本例中此步骤共形成顺时针排列折线 34 条，逆时针排列折线 21 条。

步骤四是给每个点编号，编号从 0 开始。

```
format="%s"    ＃因 Python 的 AddText 命令只能填写字符串，此处需要将数字格式化为字符串.
for i in range(n):    ＃使用 for 循环。
    point. append(format % str(i))    ＃将每个点追加一个字符串。
for i in range(len(points)):    ＃使用 for 循环。
    rs. AddText(str(i),points[i],4)    ＃以每个点为基准点将字符串写出。
```

步骤五是在生成与生物原型形态相关形体的基础上对每个点的生长顺序进行连线，形成算法中说明的螺旋线，但是 137.5°的角度过大，需要把相邻生成的点之间分成若干份，形成中间点，之后形成螺旋线。

```
pointg=[]    ＃建立空的列表，用于后续储存相邻生成的点以及中间的点。
for i in range(10＊n):    ＃每相邻点之间插入 9 个点。
    mpointg=rs. AddPoint(i/10＊math. cos(i＊r/10),i/10＊math. sin(i＊r/10),0)    ＃每相邻点
之间的所旋转的角度相等。
    pointg. append(mpointg)    ＃把生成的所有点加入空列表。
rs. AddInterpCurve(pointg,3)    ＃生成的点形成曲线。
```

将上述的语言写入 Rhino Python Editor，可以生成与生物原型形态相关的形体。

图 3-47（a）为 Xextract＝4（对应的费波拉契数列第五项的数值是 5）时数字工具生成的基本生物形体，共有 40 个点；图 3-47（b）为 Xextract＝7（对应的费波拉契数列第八项的数值是 21）时数字工具生成的形体，因点多而密集，点的编号值与螺旋线没有显示。

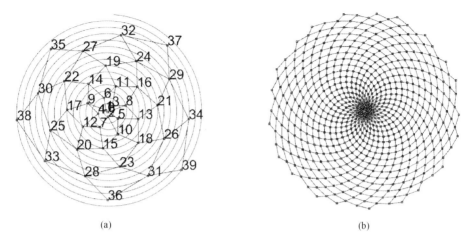

(a)      (b)

图 3-47　与互生叶序形态相关的形体

如果将步骤二中的 mpoint＝rs. AddPoint$(i * \mathrm{math.\,cos}(i * r), i * \mathrm{math.\,sin}(i * r), 0)$ 中的 $i * \mathrm{math.\,cos}(i * r)$，$i * \mathrm{math.\,sin}(i * r)$ 修改为 $(\mathrm{math.\,pow}(e, i/10)) * \mathrm{math.\,cos}(i * r)$，$(\mathrm{math.\,pow}(e, i/10)) * \mathrm{math.\,sin}(i * r)$，，则由外而内生成形体，如果把点按照 $n$ 的次序连起来，则成为对数螺旋线，与算法中的 Step5 相呼应。

图 3-48（a）、（b）均为 Xextract＝5 时数字工具生成的形体，共有 104 个点，图 3-48（a）点的 $x$、$y$ 坐标值为 $(\mathrm{math.\,pow}(e, i/10)) * \mathrm{math.\,cos}(i * r)$，$(\mathrm{math.\,pow}(e, i/10)) * \mathrm{math.\,sin}(i * r)$，图 3-48（b）点的 $x$、$y$ 坐标值为 $(\mathrm{math.\,pow}(e, i/50)) * \mathrm{math.\,cos}(i * r)$，$(\mathrm{math.\,pow}(e, i/50)) * \mathrm{math.\,sin}(i * r)$。两个图的相邻点连线均形成对数螺旋线。

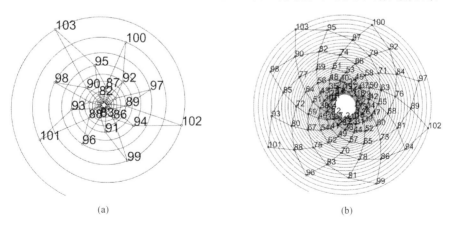

(a)      (b)

图 3-48　与互生叶序形态相关形体（对数螺旋线状）

同理，对生、轮生叶序算法可以用多种软件及语言编程予以实现，此处采用的也是 Rhinoceros 内置的 Python 语言编程。

步骤一是定义算法中 Step2 的参数。

```
import rhinoscriptsyntax as rs    ♯引入 rhinoscriptsyntax 模块。
import math    ♯引入 math 模块。
firstradius=1    ♯定义算法中的 R0,即最内圆的半径。
circlenumber=10    ♯定义算法中的等差数列的 N,即项数。
dividenumber=20    ♯定义算法中的每个圆取点的个数。
original=rs. WorldXYPlane()    ♯定义同心圆的圆心以及同心圆所在的平面。
算法中的基本参数
```

步骤二是画出同心圆。

```
Circles=[]    ♯建立空的集合。
for i in range(firstradius, firstradius+circlenumber):    ♯使用 for 循环画出同心圆。
    rotateoriginal1=rs. RotatePlane(original,(i−1) * 180/dividenumber, original. ZAxis)    ♯每
个平面旋转(180°/M) * Dn。
    point1=rs. AddPoint(0,0,0)    ♯定义同心圆的圆心。
    rotateoriginal=rs. MovePlane(rotateoriginal1, point1)
    Circle=rs. AddCircle(rotateoriginal, i)    ♯画出同心圆。
    Circles. append(Circle)    ♯将同心圆归入上述的空集合。
```

步骤三是分割同心圆,得到点。

```
Points=[]    ♯建立空的集合。
for i in range(len(Circles)):    ♯使用 for 循环分割同心圆。
    point=rs. DivideCurve(Circles[i], dividenumber)    ♯分割同心圆,得到点。
    for pv in point:    ♯使用 for 循环画点。
        p=rs. AddPoint(pv)    ♯依据点的计算方式得到点。
        Points. append(p)    ♯将生成的点放入空的集合。
```

步骤四是将点的顺序标示出来,此步骤的解释详见互生叶序算法数字工具模拟的步骤四。

步骤五是画出螺旋线。

```
Crv1=[]    ♯建立空的集合。
for i in range(dividenumber):    ♯使用 for 循环画出螺旋线。
    crv1=rs. AddPolyline(Points[i::dividenumber])    ♯每隔 M 个点取一个点,将其连成螺旋
线,共有 M 条。
    Crv1. append(crv1)    ♯将螺旋线加入空的集合。
```

将上述的语言写入 Rhino Python Editor,可以生成与生物原型形态相关的形体。

图 3-49(a)为 firstradius=1、circlenumber=5、dividenumber=10 时数字工具生成的形体,共有 50 个点;图 3-49(b)为 firstradius=1、circlenumber=10、dividenumber=20 时数字工具生成的形体,在生成时将 rotateoriginal1=rs. RotatePlane(original,(i−1) * 180/dividenumber, original. ZAxis)修改为 rotateoriginal1 = rs. RotatePlane(original,−(i−1) * 180/dividenumber, original. ZAxis)又生成一遍螺旋线,使两个方向的螺旋线相互交叉。

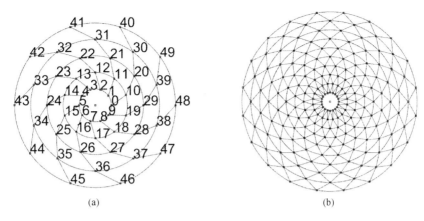

图 3-49　与对生、轮生叶序形态相关的形体

**6. 其他形体的生成**

该算法控制形体生成的参数是初始输入的数列、点坐标的生成方程，对生形参数进行改写甚至更换软件可以生成其他的形体。

比如在 Processing 软件里模拟互生叶序算法的点阵在球体上的排列。

```
int p1 = 21;    //取斐波那契数列的第八项，数值为 21。
int p2 = 34;    //取斐波那契数列的第九项，数值为 34。
int p = p1 * p2;    //二者乘积为 714。
float fib = radians(360/pow((sqrt(5)+1)/2+1, 2));    //定义了 137.5°的准确角度值。
ArrayList v = new ArrayList();    //建立一个空列表
PVector loc;
PVector loc1;
PVector loc2;    //定义三个向量。
void setup() {    //初始化 Processing。
    size(700, 700, P3D);    //建立一个三维空间。
    strokeWeight(3);    //确定点的大小。
    background(255);    //设置背景颜色。
    translate(width/2, height/2, 0);    //将坐标移动到 Processing 空间的中央。
    for (int i = 0; i < p; i++) {
        loc = new PVector(300, 0, 0);    //建立 714 个向量。
        v. add(loc);    //将向量加入空的列表。
    }
}
void draw() {
    translate(width/2, height/2, 0);
    for (int i = 0; i < p; i++) {
        pushMatrix();
        rotateY(fib * i);    //将整体的坐标系沿着 Y 轴旋转，每次旋转的角度为 fib 值，共生成 714
个坐标系。
```

```
        rotateZ(asin(2 * i/(float)p-1));        //将上述的坐标系沿各自的Z轴旋转,相应的角度是排
列成一个圆形,与上一步骤一起组成一个球面。
        loc1 = (PVector) v.get(i);        //将上述列表中的向量提取出来,由于坐标系转换了,所以点
阵呈球形排列。
        point(loc1. x, loc1. y, loc1. z);        //在向量的端点处做点。
        popMatrix();
    }
}
```

将上述语言写入 Processing,会得到沿着球体表面布置的点阵(图 3-50)。

图 3-50(a)是按照 Processing 程序生成的点阵,图 3-50(b)是在图 3-50(a)的基础上把点阵连线后的结果。

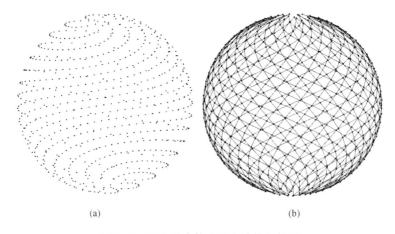

(a)             (b)

图 3-50　互生叶序算法的点阵模拟结果

由此可见,算法相同而输入的条件不同、将算法进行部分改写、将参数进行改变等措施都可以生成不同的形体,形体之间差别很大,甚至和生物原型形态大相径庭。但这些形体的生成是可以作为建筑形体生成设计的前提的,建筑形体生成设计要以多样形体生成设计为基础。

生形的过程是一个由相对简单的规则形成复杂结果的过程,其间需要不断地回馈和重生成,最终得到最优解。算法和形体之间的转换需要不同的软件来完成。

图 3-51 中的形体是在基本生物形体的基础上对点的 $z$ 值坐标予以控制,之后再对每

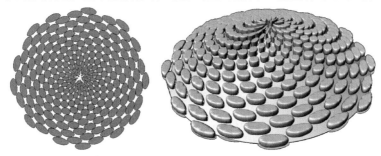

图 3-51　互生叶序算法生成的形体之一

个点进行深入设计而来。

图 3-52 中形体的生成过程是首先输入初始的半球形体，之后把按照算法生成的点全部放在半球形体上，按照 Voronoi 算法求出空间网络。

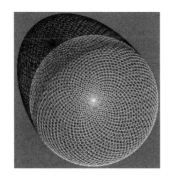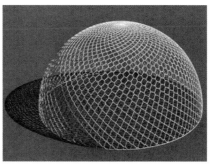

图 3-52　互生叶序算法生成的形体之二

图 3-53 中形体的生成过程是首先输入初始的类似于立方体的形体，之后按照算法形成顺时针、逆时针两个方向的折线，依据这些折线对初始形体进行切割后再细分深化设计而来。

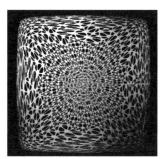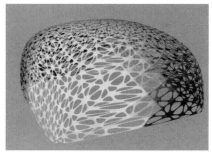

图 3-53　互生叶序算法生成的形体之三

同理，对对生、轮生叶序算法和数字工具进行改编，也可以生成很多其他形体。

图 3-54（a）的形体是在每个茎节生长 4 片叶子，叶子与着生点的距离沿形体中的剖面线变化。$Z$ 轴方向的变化是从上而下逐渐变大，符合二次幂函数的规律，即 $T_n = b/at^2$（$t \in D_n$，$a$、$b$ 为常数）在定义域区间是增函数。形成的螺旋线以 Interpolate（插值样条

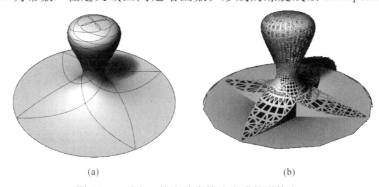

(a)　　　　　　　　　　(b)

图 3-54　对生、轮生叶序算法生成的形体之一

曲线）的曲线形式展现。图 3-54（b）的形体在图 3-54（a）形体的基础上继续细分而来。

图 3-55（a）的形体生成过程是首先输入初始的半球形体，之后将按照算法生成的点全部放在半球形体上，按照点的空间排布形成曲线。图 3-55（b）的形体是在图 3-55（a）形体的基础上继续细分而来。

图 3-56（a）的形体生成过程是首先按照对生叶序算法，控制叶片到着生点的距离以及着生点之间的距离，生成图 3-56（a）的线图，在线图的基础上继续深化设计得到图 3-56（b）的形体。

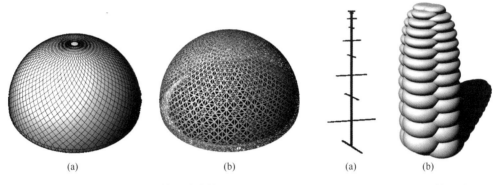

(a)　　　　　　　　(b)　　　　　　　(a)　　(b)

图 3-55　对生、轮生叶序算法　　　图 3-56　对生、轮生叶
生成的形体之二　　　　　　序算法生成的形体之三

**7. 建筑形体的生成**

以叶序算法用于建筑形体的生成为例进行介绍。

首先是互生叶序算法用于建筑形体生成设计的实验（图 3-57）。

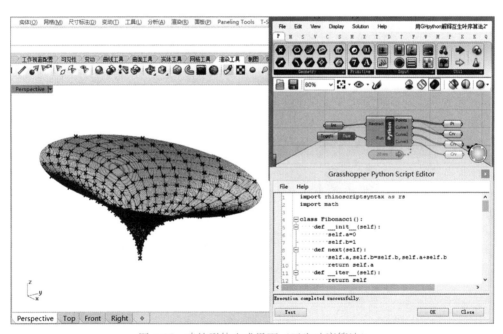

图 3-57　建筑形体生成界面（互生叶序算法）

　　该建筑形体的生成依靠改写上述的 Python 语言制作互生叶序算法的程序（该程序加入了时间的表达，可以看到建筑形体逐步"生长"的过程，如图 3-58 所示），控制利用算法生成的点（1870 个点）的坐标值（$y$ 方向坐标值变为 $x$ 方向坐标值的一半，$z$ 方向坐标值沿一个曲面取值），使生成的形体满足建筑内部中庭尺寸的要求，使生成的建筑形体能够适应基地。

图 3-58　建筑形体逐步"生长"的过程

建筑形体透视图和鸟瞰图如图 3-59、图 3-60 所示。

图 3-59　建筑形体透视图（互生叶序算法）

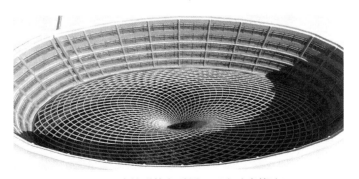

图 3-60　建筑形体鸟瞰图（互生叶序算法）

该建筑形体的生成过程是基于一个 GHPython 程序，首先建立初始形体，在初始形体的基础上进行算法生成，使算法生成的顺时针、逆时针两个方向的折线沿初始形体布置，再给折线赋予截面形成杆件，所有杆件组合在一起形成覆盖中庭的建筑形体。

其次是对生、轮生叶序算法用于建筑形体生成设计的实验（图 3-61）。

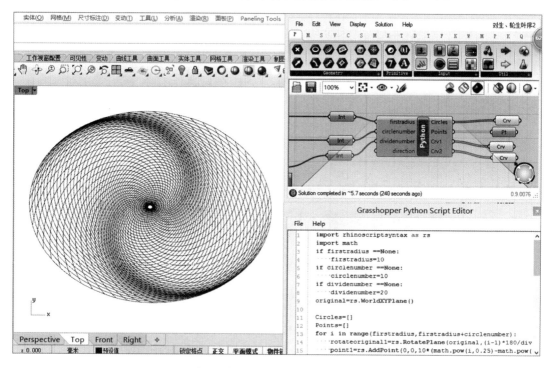

图 3-61　建筑形体生成界面（对生、轮生叶序算法）

该建筑形体的生成依靠改写上述的 Python 语言制作的对生、轮生叶序算法的程序，控制算法生成的点的坐标值。将步骤二中的 point1＝rs. AddPoint$(0,0,0)$ 修改为 point1＝rs. AddPoint$(0,0,10 * ($math. pow$(i,0.25) -$ math. pow$($firstradius$,0.25)))$，Circle＝rs. AddCircle(rotateoriginal,i) 修改为 Circle＝rs. AddEllipse(rotateoriginal,i,i/1.3)，使原来生成的同心圆变成同心的椭圆，并且按照幂函数的形式赋予点 $Z$ 值，使生成的形体富于变化（图 3-62）。

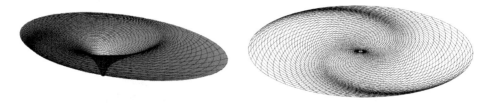

图 3-62　将上一步生成的形体进一步加工、深化，形成适应基地的线框状的建筑形体

在线框建筑形体的基础上将线框赋予杆件，杆件的截面尺寸依据杆件间的距离而变化，满足结构力学的要求，所有杆件组合在一起形成覆盖中庭的建筑形体。

建筑形体透视图和鸟瞰图如图 3-63、图 3-64 所示。

图 3-63　建筑形体透视图（对生、轮生叶序算法）

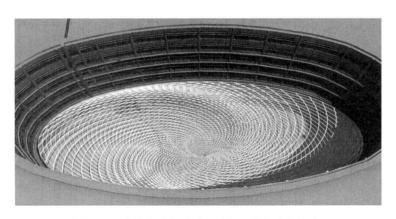

图 3-64　建筑形体鸟瞰图（对生、轮生叶序算法）

**8. 小结**

叶序算法是基于方程生成点、点进而生成线的算法，是基于二维形态的图解发展而来的，所以生成的形体以二维见长，算法可以用在铺装、家具（钟表、茶几桌面）等形体的生成设计上。加入 $z$ 坐标的函数后能够生成三维形体，但三维形体也是由二维形体演变而来的，而且是以线为基本的组成单元。

此外，该算法生成的形体形式相对比较单一，如需生成多样的形体，须将点的生成方程加以改变，主要是关于点 $x$、$y$ 坐标的方程。还可以对互生叶序算法中的 137.5°这个数字进行改变，也可以生成多样化形体。如果将这个数字修改为其他数值或者随机数值，此算法生成的形体便类似于单轴分枝（生物原型形态为：直根系、总状花序、复总状花序、伞房花序、复伞房花序、穗状花序、复穗状花序、柔荑花序的形态）算法生成的形体。

此算法未来的拓展方向是形成插件或者单独的软件，使设计师能够方便地利用叶序背后的数学关系直接生成形体。

### 3.3.3 Java 编程生成设计例——基于"线粒体内膜形态"的数字建筑形体生成算法研究与应用

**1. 线粒体的形态**

线粒体的形态是内外两个膜体，外膜是光滑的椭球形，内膜则是在外膜形态的基础上形成的向内凹陷的形态，如图 3-65 所示。

3-4 Java编程
生成设计例

线粒体内膜是自然形成的弯曲的曲面，由图 3-65 可知，线粒体的内膜由连续曲面向内折叠以形成"嵴"，这些"嵴"构成了基本的内膜形态。

**2. 线粒体内膜的形态特点**

（1）内膜是向内凹陷的嵴膜。

（2）嵴（包括片状嵴和管状嵴）有不同的长度，但嵴内空腔的厚度几乎是一个固定尺寸。

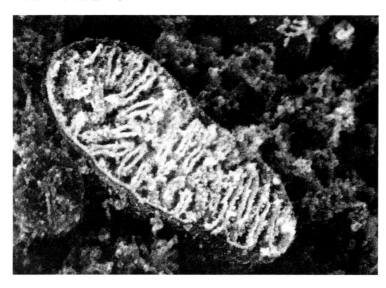

图 3-65  线粒体的形态

（3）大部分层状嵴在接近外膜处垂直于线粒体的外膜表面。

（4）各种嵴之间有相对固定的距离。

（5）各种嵴尽可能的占有空间。

（6）嵴会在空间上形成弯曲的曲面。

（7）嵴会"分叉"，使不同嵴之间随机连接。

**3. 线粒体的形态图解**

图 3-66(a) 示意嵴是向内凹陷形成的，嵴的厚度以及嵴之间的空间均保持一定的数值，嵴的剖面方向在接近外膜处垂直于外膜，对应形态特点（1）、（2）、（3）、（4）；图 3-66(b) 示意尽可能地充满整个线粒体内部空间，对应形态特点（5）；图 3-66(c) 示意嵴的剖面会出现弯曲，对应形态特点（6）；图 3-66(d) 示意嵴会"分叉"，图 3-66(e) 示意"分叉"随机连接形成不同的嵴，对应形态特点（7）。

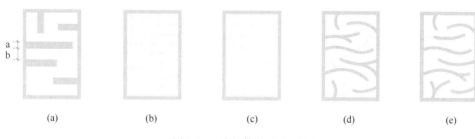

图 3-66   线粒体的形态图解

**4.** 基于反应扩散方程的线粒体内膜形态算法

反应扩散方程（Reaction Diffusion Equation）是微偏分方程的一种，用来描述与扩散类似的物理化学现象，也用来描述一些生物形态，比如斑马的斑纹、脑纹、热带鱼五彩的纹理等。该方程能够反映生物机制的随机性和较高的复杂性，能够模拟出一个与线粒体内膜相似的形状。

$$\frac{\partial u}{\partial t} = D_{u}\nabla^{2}u - uv^{2} + F(1-u) \qquad (3\text{-}8)$$

$$\frac{\partial v}{\partial t} = D_{v}\nabla^{2}v + uv^{2} - (F+k)v \qquad (3\text{-}9)$$

式中，$u$ 和 $v$ 是两种化学物质（$u$、$v$ 数值表示其浓度）；$D_{u}$ 和 $D_{v}$ 是它们发生反应的扩散速率；$F$、$k$ 是两个与反应、扩散相关的常量，代表增长和衰亡的速度；$\nabla$ 是拉普拉斯算子（Laplace Operator）［拉普拉斯算子是 $n$ 维欧几里德空间中的一个二阶微分算子，定义为梯度（$\nabla f$）的散度（$\nabla \cdot f$）］。

反应扩散方程模拟了两种物质反应和扩散两个基本的部分。反应是两个 $v$ 和一个 $u$ 变换成了三个 $v$，好比是 $v$ 把 $u$ 吃掉后繁殖了一个 $v$（图 3-67）。扩散是假设两种物质在平面矩阵中扩散，$u$ 扩散的比 $v$ 快，$v$ 尽力"吃掉"$u$，从而模拟 $u$、$v$ 两种物质"尽力"占据矩阵网格的过程（图 3-68）。

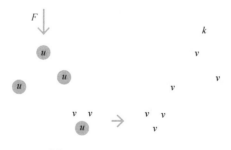

图 3-67   $u$ 和 $v$ 的反应图解

基于此，可以通过反应扩散方程来形成模拟线粒体内膜形态的算法，其流程图如图 3-69所示。

上述流程图中，Step2 是初始的二维点阵，两种物质在此平面做初始的反应和扩散。

Step4 中的六个参数是影响形体生成的最基本的参数。

Step6 将 Step2 中的反应平面按照时间进行抬升，依次形成三维点阵。

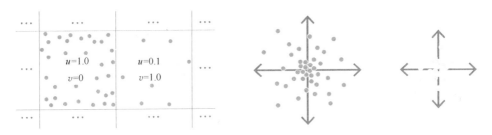

图 3-68    $u$ 和 $v$ 的扩散图解

Step1    起始

Step2    输入初始平面矩阵 $A$

Step3    定义拉普拉斯算子和反应扩散方程，使两种物质按照数学关系进行作用

Step4    定义两种物质的反应和扩散的相关参数 $D_u$、$D_v$、$F$、$k$、$u$、$v$

Step5    将 $A$ 内所有的被 $v$ "占领" 的点提取，形成由点组成的 "条纹"

Step6    将反应时间作为第三维参数，将 "条纹" 在竖直方向上排列

Step7    利用等值面算法提取 "条纹" 边界的数值，并将其形成曲面

Step8    输出曲面

Step9    终止

图 3-69    线粒体内膜形态算法流程图

**5.** 用数字工具实现 "基于反应扩散方程的线粒体内膜形态算法"

反应扩散方程二维的基本 Processing 程序已经由 Grey Scott 编写出来。

```
for (int i = 0; i < N; i++) {
    for (int j = 0; j < N; j++) {
    double u = U[i][j];
    double v = V[i][j];
    int left = offset[i][0];
    int right = offset[i][1];
    int up = offset[j][0];
    int down = offset[j][1];        //遍历了平面内所有点的周围点。
    double uvv = u * v * v;
    double lapU = (U[left][j] + U[right][j] + U[i][up] + U[i][down] − 4 * u);        double
lapV = (V[left][j] + V[right][j] + V[i][up] + V[i][down] − 4 * v);
    //定义了拉普拉斯算子。
    dU[i][j] = diffU * lapU  − uvv + F * (1 − u);
    dV[i][j] = diffV * lapV + uvv − (K+F) * v;
    //写入反应扩散方程,与上文的反应扩散方程式对应。
}
```

之后有研究者将上述代码进行改写,将时间维度加入程序,使其三维化并在三维点阵的基础上利用等值面算法形成 mesh 曲面,以模拟线粒体内膜形态。

**6. 与生物原型形态相关形体的生成**

控制三维程序的参数,可以生成与线粒体内膜形态相关的形体。在图 3-70 的形体中可以看出线粒体内膜形态特点的七个方面。

图 3-70　参数组合（$F=0.062$、$k=0.062$、$D_u=0.19$、$D_v=0.09$）和
（$F=0.042$、$k=0.065$、$D_u=0.16$、$D_v=0.08$）生成的形体（固定了 $u$ 和 $v$ 的浓度值）

**7. 其他形体的生成**

如前文所述,控制形体生成的参数是 $F$（侵蚀物质增长的速度）、$k$（被侵蚀物质衰亡的速度）、$u$（被侵蚀物质的浓度）、$v$（侵蚀物质的浓度）、$D_u$（两种物质反应时被侵蚀物质扩散速率）、$D_v$（两种物质反应时侵蚀物质扩散速率）,此外还有时间、初始状态、排斥点（使生成的等值面远离此点）一共九个参数,如图 3-71 所示。

以上述参数的不同组合,可以生成众多复杂形体。

图 3-72 中的形体是在锁定某些参数的情况下改变另外一些参数而引起的生成形体的变化,形体下部的坐标系示意固定的参数组不同。

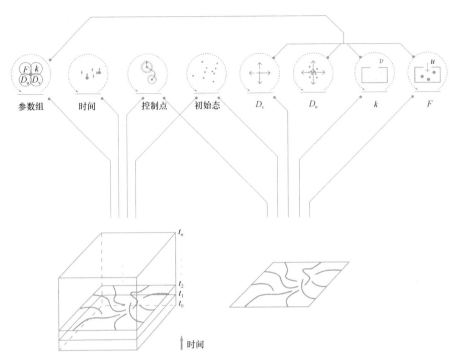

图 3-71　控制参数和模拟策略（固定了 $u$ 和 $v$ 浓度值）

图 3-72　多样化形体的生成

**8. 建筑形体的生成**

利用该算法的建筑形体生成如图 3-73～图 3-76 所示,下图的形体是在上图多样化形体中选取的并在 Rhinoceros 和 Grasshopper 中深化设计而成。首先是将形体"尺度化",即缩放形体以满足人的使用要求;其次是将形体的可建造性加以考虑,将缩放后的 mesh 曲面用 Kangaroo 进行加工,使曲面控制点和控制线更加均匀,更利于加工;最后是将 mesh 曲面的控制线用编织的方法制作成实体模型,满足可建造性要求。

图 3-73　园林小品建筑形体透视图

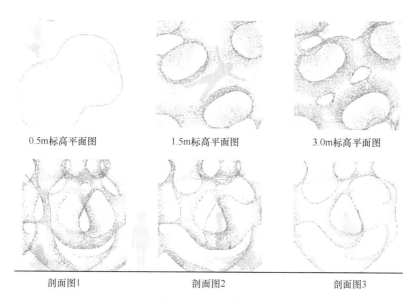

0.5m标高平面图　　1.5m标高平面图　　3.0m标高平面图

剖面图1　　剖面图2　　剖面图3

图 3-74　园林小品建筑形体的平面和剖面

改变设计环境,不同的模型可以在不同的尺度上实现对人的互动。

**9. 小结**

反应扩散方程可以模拟很多生物形态,但都是二维的形态,比如斑马、热带鱼的条

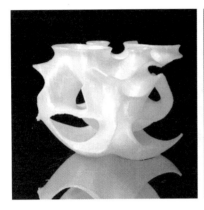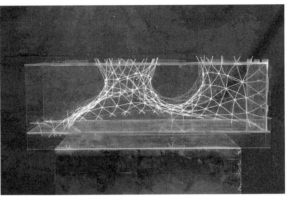

图 3-75　园林小品建筑形体的 3D 打印模型和局部的编织模型

图 3-76　不同尺度模型的应用

纹、脑纹等，故此算法要解决的核心问题是如何在二维平面上生成有机的条纹。

此算法可以用在总平面图肌理的生成设计、建筑表皮的生成设计、铺装纹样生成设计、服装纹样生成设计、平面设计等方面。此算法加入时间因素和等值面算法可以生成复杂的三维面，可以用于生成园林小品、儿童乐园装置、首饰、家具等功能相对简单的形体。

结合数字工具来说，影响该算法生形的参数一共有九个，九个参数作为生形的"灵魂"，其组合需要相对柔和，否则生成的形体破面较多。此程序生形时对参数的反应非常灵敏，参数在 $10^{-3}$ 数量级的改变就会带来生成形体的巨大变化。另外，此算法生成的 mesh 曲面不均匀，需要用其他软件后期加工，使 mesh 曲面的点和线更加均匀，有利于后续建造的实施。

此算法可以通过融入其他扩散方程（对流扩散方程、热扩散方程、悬沙扩散方程、高斯公式、散度定理、菲克扩散方程等）发展成为一系列生形算法库。算法库中的算法虽然不是来自生物形态，但是可以模拟部分生物形态，生成建筑形体。

## 本章小结

本章详细阐述了参数化设计与算法生形设计的基本原理、方法及其在建筑设计中的应用。通过具体的案例分析，展示了不同自然形态在算法生形设计中的应用潜力，以及编程语言在辅助设计师实现复杂形态生成方面的作用。同时，本章还强调了参数化设计与性能模拟平台结合的重要性，指出在数据驱动下实现建筑设计性能优化的可能性。这些内容不仅拓宽了设计师的设计思路，还为其提供了实用的技术工具和方法。通过学习本章内容，设计师可以更好地运用参数化设计和算法生形设计技术，推动建筑设计的创新与优化。

## 思考题

1. 生物形态和建筑形体的区别是什么？
2. 算法和编程是什么关系？
3. 你还知道哪些能够应用到建筑设计的软件？

# 性能模拟和数据分析

**知识图谱**

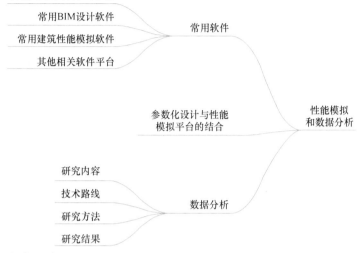

**本章要点**

知识点1. 常用性能模拟软件。

知识点2. 参数化设计与性能模拟平台的结合。

知识点3. 性能模拟与数据分析方法。

知识点4. 运用性能模拟和数据分析方法解决问题。

**学习目标**

（1）了解常用性能模拟软件：掌握建筑环境模拟、能耗分析、声学模拟、疏散模拟等各类常用性能模拟软件的特点及应用范围。

（2）理解参数化设计与性能模拟平台的结合：学习如何通过软件二次开发实现参数化建模软件与性能模拟软件的实时链接，以便在设计过程中即时反馈性能模拟结果。

（3）掌握性能模拟与数据分析方法：学习如何在性能模拟基础上进行数据收集、处理和分析，以便从数据中提取有价值的信息来指导设计优化。

（4）提升设计科学性：通过本章学习，增强在设计中应用性能模拟和数据分析的意识，提升设计的科学性和合理性。

（5）培养解决问题的能力：培养运用性能模拟和数据分析方法解决实际设计问题的能力，提高设计效率和质量。

# 4.1    常用软件

常用参数化建筑设计软件                                                   表 4-1

| 软件名称 | 开发公司 | 使用类型 | 软件特点及应用内容 |
|---|---|---|---|
| Rhino & Grasshopper | Robert McNeel | 参数化三维建模软件 | 操作简单但内容齐全，适用于建筑师进行简单的编程来构建参数化模型，在找形、模拟分析、设计优化、数字模型输出过程中都有很好的适用性。这种方法将 CAD/CAE/CAM 设计、分析、加工三者串联在一起 |
| Microstation & Generative Components | Bentley | 参数化三维建模软件 | 同上 |
| Processing | MIT | 可视化编程语言平台 | 开源的新型计算机语言，语法简单且图形可视化功能强，其他设计师上传到网上的程序可下载并进行修改，适用于建筑师使用进行模拟和建筑找形 |
| Maya | Autodesk | 参数化建模与渲染软件 | 具有非常强大且便捷的雕塑造型能力，主要应用于建筑找形，通过内嵌的 Mel 语言可以通过编程生成更复杂的形态。后期进行渲染和动画制作 |
| 3Dmax | Autodesk | 参数化建模与渲染软件 | 过去最常用的三维建模和渲染软件，非常强大且便捷的雕塑造型能力，主要应用于建筑找形，后期进行渲染和动画制作 |

常用 BIM 设计软件                                                      表 4-2

| 软件名称 | 开发公司 | 使用类型 | 软件特点及应用内容 |
|---|---|---|---|
| Revit Architecture | Autodesk | BIM 建筑设计软件 | 集设计所有专业于一体的 BIM 软件平台，具有强大的兼容性。通过输入输出 IFC 格式文件与其他设计分析类软件共享模型信息。通过建设 Autodesk 360 云服务平台，在云端进行图像的渲染和计算工作，并在工地进行施工指导 |
| Revit Structure | Autodesk | BIM 结构设计软件 | |
| Revit MEP | Autodesk | BIM 设备专业软件 | |
| Bentley Architecture | Bentley | BIM 建筑设计软件 | 以 Microstation 为平台的 BIM 系列软件，集所有专业于一体。可以和 AutoCAD、Microstation 等 CAD 设计软件进行互导，通过输入输出 IFC 格式文件与其他设计分析类软件共享模型信息。通过 Bentley Navigator 软件进行碰撞检查和施工模拟 |
| Bentley Structural | Bentley | BIM 结构设计软件 | |
| Bentley Building Mechanical Systems | Bentley | BIM 设备专业软件 | |
| Tekla Structures | Tekla | BIM 结构设计软件 | 主要设计钢结构和钢筋混凝土结构，可根据结构的 BIM 模型自动生成结构详图和构件清单，并进行施工模拟 |

续表

| 软件名称 | 开发公司 | 使用类型 | 软件特点及应用内容 |
| --- | --- | --- | --- |
| Digital Project | Gehry Technologies | BIM 建筑、结构设计软件 | 基于 CATIA 平台开发的适用于建筑工程设计的 BIM 软件，可以进行建筑和结构设计，并且通过扩展软件包进行设备设计。内嵌有编程模块可以对复杂的曲面进行优化，并细分成可加工的构件单元 |
| ArchiCAD | Graphisoft | BIM 建筑设计软件 | 占用硬盘空间较小，模型运转速度快，涵盖 BIM 软件应有的绝大部分功能，可输出 IFC 格式文件。没有在同一平台下开发结构和设备专业设计软件 |

常用建筑性能模拟软件　　　　　　　　　　　　　　　　表 4-3

| 软件名称 | 开发公司 | 使用类型 | 软件特点及应用内容 |
| --- | --- | --- | --- |
| ANSYS | ANSYS，Inc | 有限元分析软件 | 集结构、流体、电场、磁场、声场分析于一体，在国际上使用最广泛的有限元分析软件。在非线性建筑设计中常用于进行结构模拟和风环境模拟 |
| ABAQUS | Dassault Systems | 有限元分析软件 | 功能非常强大的结构模拟有限元分析软件，特别适合模拟非线性问题，主要用于进行静态及非线性动态应力、位移模拟分析 |
| SAP2000 | Computersand Structures，Inc. | 结构分析和设计软件 | 结构分析常用的软件，空间建模方便，弹性静力分析和位移分析较强，非线性计算能力较弱 |
| MIDAS/GEN | MIDAS IT | 结构有限元分析和设计软件 | 钢结构和钢筋混凝土结构设计和模拟常用的软件，适合进行非线性问题有限元分析计算，除分析外还可以进行结构优化设计 |
| Ecotect | Autodesk | 建筑环境模拟软件 | 综合性的建筑环境模拟软件，可进行光环境模拟、辐射模拟、可视性分析、能耗模拟、将天气数据制作成可视化图表等，与常用的建模软件有非常好的兼容性 |
| WINDOW | LBNL | 光环境模拟软件 | 拥有庞大的玻璃、窗框、百叶等窗构件库，专门用于模拟窗的光环境及人环境性能 |
| Radiance | LBNL | 光环境模拟软件 | 基于真实物理环境进行模拟计算，主要用于对自然光和人工照明条件下的光环境进行模拟，有很好的计算能力及仿真渲染能力 |
| Daysim | NRC－IRC | 光环境模拟软件 | 以 Radiance 为计算核心，模拟全年的日照辐射，并对室内照明进行优化设计 |
| Fluent | ANSYS，Inc | CFD 软件 | 国际上使用最多的 CFD 软件，拥有先进的计算分析能力及强大前后处理功能，在建筑设计领域常用于模拟建筑的风环境以及火灾排烟过程 |
| Phoenics | CHAM | CFD 软件 | 世界最早的计算流体的商用软件，常用于建筑单体或建筑群的风环境模拟。可以直接导入 AutoCAD 和 SketchUp 建立的模型 |

| 软件名称 | 开发公司 | 使用类型 | 软件特点及应用内容 |
|---|---|---|---|
| Airpak | ANSYS，Inc | CFD 软件 | 基于 Fluent 计算内核，专门面向建筑工程的 CFD 模拟软件，主要用于模拟暖通空调系统的空气流动、空气品质、舒适度等问题 |
| DOE. 2 | LBNL | 能耗分析软件 | 由美国能源部支持，劳伦斯伯克利国立实验室 LBNL 开发的功能强大的非商业能耗模拟软件，被很多国家作为建筑节能设计标准的计算工具，是众多商业能耗模拟软件的基础 |
| Energy Plus | DOE&LBNL | 能耗分析软件 | 在 DOE. 2 基础上开发的免费的能耗模拟软件，常用来对建筑的采暖、制冷、照明、通风以及其他能源消耗进行全面能耗模拟分析和经济分析 |
| DeST | 清华大学建筑技术系 | 建筑环境及 HVAC 模拟软件 | 对建筑的热环境及设备性能等进行全年逐时段的动态模拟，广泛应用于商业、住宅建筑的热环境模拟和暖通空调系统模拟 |
| PKPM | 中国建筑科学研究院 | 综合性设计模拟软件 | 国内自主研发的，集建筑结构设计、能耗分析、施工项目管理、造价分析等多种功能于一体的综合性设计模拟软件 |
| EASE | ADA | 声学模拟软件 | 综合使用声线追踪法和虚声源法进行声学效应模拟，计算精度较高且速度较快，是世界范围内广泛应用的室内声环境模拟软件 |
| Acoubat | CSTB | 声学模拟软件 | 通过建筑构件的隔声计算，模拟和控制室内声环境，及时对分析目标房间的墙体、地板等采取相应的隔声策略 |
| Raynoise | LMS | 声学模拟软件 | 广泛应用于剧院、音乐厅、体育场馆的音质设计以及道路、体育场的噪声预测分析，能准确地模拟声传播的物理过程 |
| CATT | CATT | 声学模拟软件 | 主要应用于厅堂音质的模拟分析。可将 SketchUp 和 AutoCAD 建立的软件直接导入，定义各界面的材质和属性，然后进行计算 |
| Cadna A | Datakustik | 噪声模拟软件 | 常用的噪声模拟和控制软件，广泛应用于评测工业设施、道路、机场等区域多种噪声源的复合影响 |
| EVACNET | University of Florida | 疏散模拟软件 | 以网格形式描述建筑空间，利用人员在网格中的流动来模拟人员疏散，适合应用于大型复杂建筑火灾中逃生。模拟中考虑了人员疏散过程中的行为特点因素，使模拟更加真实 |
| EVACSIM | TH Engineering Ltd | 疏散模拟软件 | 同上 |
| Simulex | HEIS | 疏散模拟软件 | 由 C++语言编写，模拟人从大型空间或结构复杂的场所中逃生的路线和时间 |

其他相关软件平台

表 4-4

| 软件类别 | 软件特点及应用范围 | 代表性软件 |
|---|---|---|
| BIM 云平台 | 在网络服务器上进行各专业模型汇总和碰撞检查，计算能力强且不占用单机资源。有不同级别的使用权限设定，保证模型的安全性。施工过程中使用移动设备就可以查询图纸和模型，进行施工指导 | A360、Trimble Connect |
| BIM 仿真及施工管理软件 | 可以导入多种格式的三维模型，通过制定施工进度表，能在软件中实现虚拟的施工全过程。能快速创建出逼真的渲染图和动画，检查空间和材料是否符合设计想法以及进行构件的碰撞检查 | Navisworks、Navigator |
| BIM 造价估算软件 | 各个专业的工程量能够通过 BIM 软件输出列表，各个构件的造价信息也可以输入 BIM 模型中，不需要专业的造价预算师重新构建模型。在建造过程中实时更新 BIM 模型中的工程量和构件单价的变化情况，能对成本有更好的控制 | 广联达、鲁班、斯维尔、PKPM、Innovaya、CostOS、Dprofiler |

## 4.2　参数化设计与性能模拟平台的结合

　　根据建筑性能而进行的设计优化是将建筑性能模拟得到的数据结果与建筑构件的形态建立关联，通过数据驱动来改变构件的形态，从而达到较优的建筑性能的过程。

　　通过编写程序对参数化建模软件进行二次开发，可以实现参数化建模软件与建筑性能模拟软件模型同步更新。在建模软件中更改模型，不需要再进行导出导入工作，只需点击更新命令，模拟软件中的模型就会进行更新，然后进行分析计算。分析计算完成后，由模拟软件后处理功能产生的彩色等值线等图形可以直接反馈到建模软件中进行显示，使得设计师能更加直观地在建模软件的原模型中观察模拟结果。比如 Grasshopper 的插件 Geco 就可以将 Rhinoceros 中的建筑模型与 Ecotect 模拟软件进行实时链接，达到前述效果。现如今，通过软件的二次开发，许多建模软件都已经有配套的模拟插件，进行光环境、风环境等模拟分析工作。当模拟精度要求不需要特别高的时候，这些小的模拟插件已基本可以满足要求，不需要再使用专业的模拟软件。比如 Grasshopper 的插件 Ladybug 可以实现日照模拟以及将天气数据制作成可视化图表，Honeybee 插件可以实现室内光环境模拟和能耗模拟（图 4-1）。建模软件内的模拟插件运算更加快速，数据链接和形体关联更加方便。

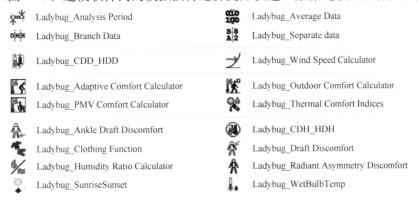

| | |
|---|---|
| Ladybug_Analysis Period | Ladybug_Average Data |
| Ladybug_Branch Data | Ladybug_Separate data |
| Ladybug_CDD_HDD | Ladybug_Wind Speed Calculator |
| Ladybug_Adaptive Comfort Calculator | Ladybug_Outdoor Comfort Calculator |
| Ladybug_PMV Comfort Calculator | Ladybug_Thermal Comfort Indices |
| Ladybug_Ankle Draft Discomfort | Ladybug_CDH_HDH |
| Ladybug_Clothing Function | Ladybug_Draft Discomfort |
| Ladybug_Humidity Ratio Calculator | Ladybug_Radiant Asymmetry Discomfort |
| Ladybug_SunriseSunset | Ladybug_WetBulbTemp |

图 4-1　Ladybug 插件样例——气候数据分析模块

传统设计及性能模拟方式中，采用的是先由人工建立多个方案，再通过性能模拟选出这些方案中最优解的方法。这种方法需要人工建立方案，并且可能还有很多更优解不在可选择的方案中。本案例采用参数化设计方法配合遗传算法（Genetic Algorithm），可以由计算机直接求出最优解，如日照时间最长的解、平均风速最小的解等。比如利用 Grasshopper 中的 Galapagos 遗传算法插件，将建筑立面的日照辐射量与遮阳板出挑长度相关联。通过 Geco 插件将 Rhino 中的模型与 Ecotect 日照模拟计算链接起来，在 Rhino 中生成一组模型，Ecotect 中就会对这组模型进行日照辐射量的计算。将控制遮阳板形态的数据参数以及日照模拟结果链接到 Galapagos 插件，通过遗传计算可以自动生成多个方案，并从中挑选最优方案（图 4-2）。

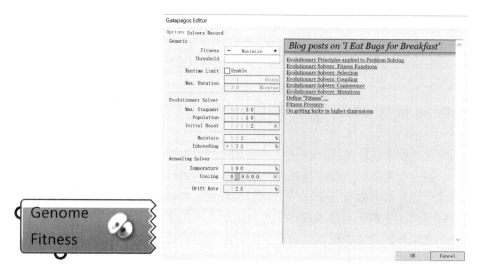

图 4-2　Galapagos 遗传算法优化设计

以下重点讲述参数化设计与性能模拟平台结合的案例。

本案例探讨了北京市城市历史区和传统郊区建筑的性能优化策略。本案例采用的技术包括现场调查、室内/室外测量、参数化设计和性能模拟。案例研究提出了从宏观、中观和微观三个层面改善建筑性能的方案。结果显示，城市历史街区的布局在宏观尺度上应为南北向，郊区传统建筑的最佳布局方案也是南北向。在中观尺度上，主建筑前的三角区域全年提供最佳的热舒适度。在微观尺度上，提出了檐口的关键设计值。对于城市建筑，宽度与长度的比例应为 0.6，窗户与墙面的比例应为 0.6，檐口深度应小于 1.0m。郊区建筑内庭院的宽度与长度比例应为 0.68。对于郊区窗户与墙面比例大于 0.2 的建筑，檐口深度应小于 0.5m。所提出的设计策略可以为建筑师和规划者在改造传统建筑并提高当地居民舒适度时提供参考。

### 1. 引言

本案例研究基于在地气候的建筑设计，对于提高能源效率和舒适度至关重要。一方面，更新传统建筑可以提高居住舒适度。另一方面，可以保护具有丰富历史价值的建筑物。

对于历史街区和传统建筑的更新，研究者们一直关心保护历史文化遗产。然而，在保护建筑的历史价值的同时，也应该解决居住在这里的人们的实际需求，如热舒适、采光和通风。考虑到居住习惯和气候条件，本案例提出了一种更新传统建筑的新方法。城市气候和郊区气候之间存在明显的差异，城市居民和郊区居民的生活方式也不同。本文比较了这些差异，并提出了相应的设计策略。

**2. 材料和方法**

**（1）材料**

研究了两个对象：北京东城区的胡同、北京西部的一个典型村庄——爨底下村。

在胡同方面，本案例选择了东城区历史区的外交部街、西总布胡同、协和胡同和北极阁胡同。这些地区密集且间距合理（图 4-3）。该地区存在一些违法建筑，休闲娱乐的公共空间较少。生活环境的优化主要集中在改善采光、通风等性能方面。北京西部的一个典型村庄如图 4-4 所示。该村庄的面积为 $5.33km^2$，四周环山，地形狭窄，庭院随着地势起伏而下降，呈辐射状排列。建筑的朝向、基础规模、建筑形式和区域联系各不相同。建筑是根据地形高差、太阳的高度角和主导风向来建造的，以获得适当的阳光、辐射和阴影。

图 4-3　东城区建筑与胡同的关系　　　　图 4-4　爨底下村庄平面图

**1）东城区的胡同**

本研究侧重于东城区胡同中的合院。这些合院住宅由几组单体建筑组成，每个单体的宽度为 3.3m，深度为 5～7m。典型的院落如图 4-5 所示。建筑外立面的组成见表 4-5。

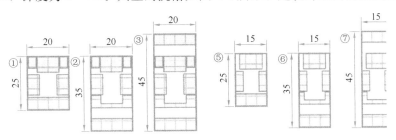

图 4-5　东城区历史区庭院平面图

东城区居民住宅外立面描述　　　　　　　　　　　　　表 4-5

| 建筑部分 | 材料 | 材料描述 |
|---|---|---|
| | 黑砖 | 青色黏土砖 |
| 山墙、后檐墙 | 软芯做法 | 内部为碎砖，山顶为整块青色黏土砖 |
| | 砖面灰 | 用灰浆磨光后的砖面，砖面：灰浆＝3：7 |

续表

| 建筑部分 | 材料 | 材料描述 |
|---|---|---|
| 屋顶（1.0m深） | 木椽、木板 | 云杉 |
| | 灰 | 白色麻刀灰，灰：麻刀＝100：2 |
| | 稻草泥 | 稻草与石灰水混合，泥：稻草＝100：20 |
| | 瓦片 | 平瓦，黏土烧制的瓦片 |
| 门窗（窗户/墙比-南0.4） | 木框 | 云杉 |
| | 玻璃 | 6mm单面玻璃 |

2）爨底下村

爨底下村坐落在山区，建造在地形上与传统的北京庭院相比，爨底下村的庭院较小。典型庭院的深度为5m，宽度为3m。村庄中有三种类型的庭院（图4-6）：

① 南北长型庭院：入口通常位于东南角。

② 东西长型庭院：这种类型的庭院主要建在村庄较高的地方。

③ 复合庭院：南北和东西的长度相对较长。

不同部分的外墙材料、厚度、砌筑方法和传热系数见表4-6。

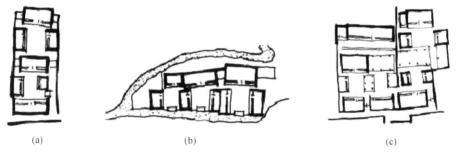

图4-6　爨底下村庄的庭院示意图
(a) 南北长型庭院；(b) 东西长型庭院；(c) 复合庭院

住宅外墙的构成和热性能　　　　　　　　　　表4-6

| 结构部分 | 材料 | 平均厚度/深度 | 传热系数<br>[W/(m·K)] | 寒冷地区的限值<br>[W/(m·K)] |
|---|---|---|---|---|
| 屋顶 | 20mm厚绿色瓦片 ＋ 100mm厚草泥 ＋ 30mm高望板 | 150mm | 1.692 | 0.5 |
| 完全深度 | — | 0.8m | — | — |
| 外窗户（窗户/墙比-南0.4） | 单层木窗6mm（玻璃） | 6mm | 4.7 | 2.8 |
| | 双层木窗 | 100～140mm(加空气间层) | 2.5 | |
| 外部门 | 普通木板门 | — | 2.7 | 2.5 |

3）室内外测量

本案例使用自动温湿度记录仪来测量室内外的环境数据（图4-7、图4-9）。数据显示温度和湿度随时间显著变化（图4-8、图4-10）。建筑外墙的隔热效果可能还有改进空间。

测量所使用的 Testo 174 温湿度计的温度范围为－10～50℃，相对湿度范围为 0～99%。仪器的温度测量精度为±1.5℃，相对湿度测量精度为±3%。每隔 30min 测量一次。

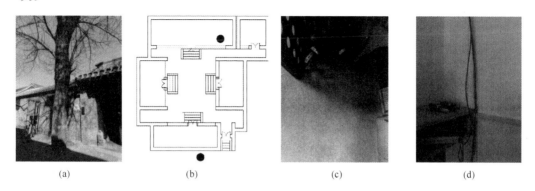

(a)　　　　　　　　(b)　　　　　　　　(c)　　　　　　　　(d)

图 4-7　东城区历史街区测试房屋和监测点的布置
(a) 外观；(b) 测量点布置；(c) 屋外测量点 C；(d) 屋内测量点 C

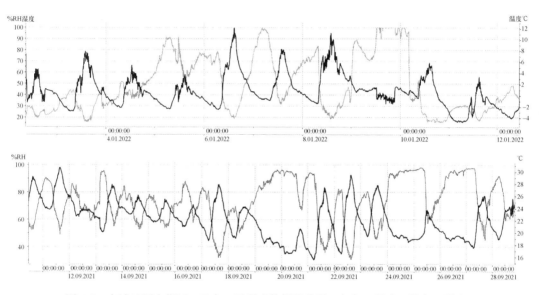

图 4-8　东城区历史街区（C 点）温湿度数据部分图（灰色：湿度；黑色：温度）

（2）方法

通过现场调查、测量、性能模拟和数据分析，进行了三个阶段的工作：

1）通过测量数据生成城市和郊区建筑的简化模型。

2）通过分析建筑布局、庭院和细节，进行三个尺度的性能模拟。

3）提出宏观、中观和微观尺度上的设计策略。

这三个工作阶段相互联系，以全面理解建筑设计与性能之间的关系。

图 4-11 展示了本案例研究的技术路线。

Ladybug Tools 是一组开源插件，可使用 Rhino 3D 建模软件及其视觉脚本语言 Grasshopper 进行建筑环境设计、分析和模拟。这些工具允许设计师、建筑师和工程师评估建筑的日照、能耗和热舒适性等环境性能。

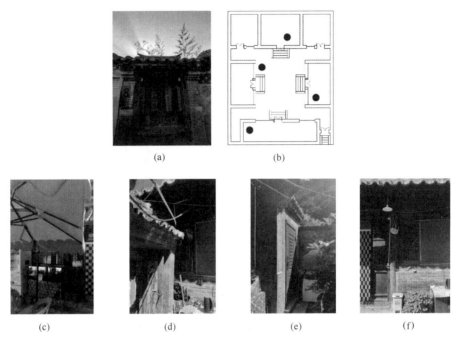

图 4-9　爨底下村测试房屋和监测点的布置

(a) 外部；(b) 监测点的布置；(c) 中庭；(d) 角落；(e) 走廊；(f) 主建筑

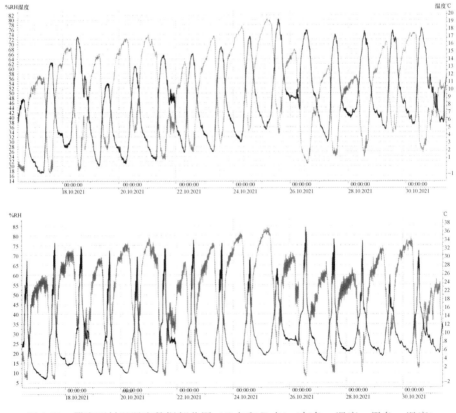

图 4-10　爨底下村温湿度数据部分图（C 点和 D 点）（灰色：湿度；黑色：温度）

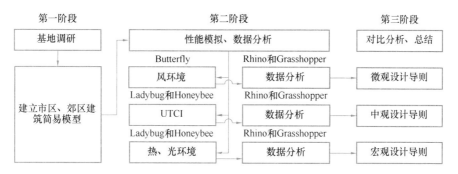

图 4-11　技术路线

Ladybug Tools 包括许多工具，例如太阳能分析、风力分析和辐射分析，这些均由 Ladybug 插件提供。套件还包括 Honeybee 用于能源建模和 Butterfly 用于 CFD（计算流体动力学）模拟。

通过为用户提供关于建筑在不同环境条件下的性能表现的见解，Ladybug Tools 支持可持续建筑设计。为此，本文使用 Rhino/GH 生成建筑样本并导入气象数据。然后，通过利用 Ladybug、Honeybee 和 Butterfly 中的光线和热环境模拟模块，分析这些建筑的太阳辐射和通风情况。最后，对功能空间进行定量分析，涵盖从宏观到微观的核心运算符。

图 4-12 显示了用于本次模拟的核心运算符，涵盖从宏观到微观的范围。

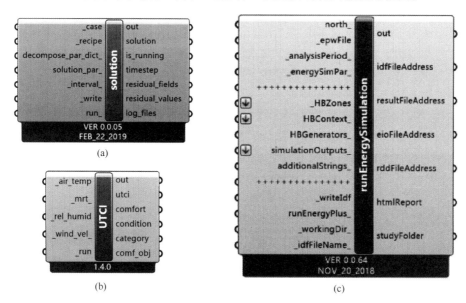

图 4-12　核心运算器

（a）Butterfly 中用于模拟风环境的核心运算符；（b）Honeybee 中模拟 UTCI（通用热气候指数）的核心运算器；（c）Ladybug 中模拟能耗的核心运算器

性能模拟的过程如下：

1）建立宏观、中观和微观模型，重点关注以下方面：宏观上，建筑定居的方向、街道和巷道的分布；中观上，庭院宽度和进深；微观上，悬挑屋檐的深度和窗户尺寸。

2）采用 Ladybug Tools 性能模拟程序来模拟风环境、热环境和能耗，然后将模拟结果可视化呈现出来。

采用的标准如下：

1）宏观层面

根据研究，人类舒适与风速之间的关系见表 4-7。较高的风速会使行人感到不适，而较低的风速不利于通风。根据《绿色建筑评价标准（2024 年版）》GB/T 50378—2019，建筑周围人行区域的风速应低于 5m/s，以确保自然通风而不影响室外活动。

风速与人的感觉 表 4-7

| 风速 | 人体感受 |
| --- | --- |
| 0m/s<$V$≤1m/s | 风阴影区（宁静的风区） |
| 1m/s<$V$≤5m/s | 舒适（5m/s 是舒适风速的上限） |
| 5m/s<$V$≤7.3m/s | 不舒适，但正常活动不会受影响（7.3m/s 是风预警的上限） |
| 7.3m/s<$V$≤15m/s | 非常不舒适，活动将受到影响 |
| 15m/s<$V$≤20m/s | 不能忍受 |
| $V$>20m/s | 危险 |

2）中观层面

用于评估热舒适性的常用指标包括 WBGT（湿球黑球温度）、MEMI（慕尼黑个体能量平衡模型）、PET（物理等效温度）和 UTCI（通用热气候指数）。WBGT 依赖于专用仪器，限制了它在研究中的使用。MEMI 在低温下不考虑相对湿度对体温的影响。PET 由于低温不适用于评估北京冬季的热舒适性。UTCI 考虑了温度、相对湿度、风速和平均辐射温度，并适用于不同尺度、气候区域和季节。UTCI 是更为准确的指标，因为它对气象要素的变化非常敏感。UTCI 提供了多个因素对人体的综合影响，该指数具有温度跨度大和通用性强的特点，适用于不同气候区域的热舒适性评估。UTCI 广泛用于评估城市、街道和公共空间的热舒适性。

利用空气温度、相对湿度、风速和平均辐射温度，UTCI 可以准确计算人体所受的热应激。基于非稳态模型和生理热交换理论，最终计算出人体在户外暴露下的热舒适性。UTCI 充分反映了人体对各种实际热条件的生理响应（图 4-13）。

图 4-13 从动态多变量响应与服装模型耦合中得出的 UTCI 等效温度概念

模型响应特征应表明表 4-8 中列出的对于人体在中性、温和和极端热条件下的反应至关重要的生理和热调节过程。

在 30min 和 20min 暴露条件下从热生理模型输出获得的变量　　　　　　　　表 4-8

| 变量 | 缩写 | 单位 |
| --- | --- | --- |
| 直肠温度 | Tre | ℃ |
| 平均皮肤温度 | Tskm | ℃ |
| 面部皮肤温度 | Tskfc | ℃ |
| 出汗量 | Mskdot | g/min |
| 寒战产生的热量 | Shiv | W |
| 皮肤湿度 | wettA | 身体面积的百分比% |
| 皮肤血流量 | Vblsk | 基础值的百分比% |

3）微观层面

根据《建筑采光设计标准》GB 50033—2013，不同气候区域的住宅建筑采光标准见表 4-9。

住宅建筑采光标准　　　　　　　　表 4-9

| 采光分类 | 房间功能 | 采光系数（%） | 采光照度（lx） |
| --- | --- | --- | --- |
| Ⅳ | 厨房 | 2 | 300 |
| Ⅴ | 卫生间、过道、餐厅、楼梯 | 1 | 150 |

**3. 结果**

（1）宏观

1）东城区的历史胡同

在胡同高度为 1.5m 处的模拟结果如二维码 4-1、图 4-14、表 4-10、表4-11 所示。

4-1 模拟结果

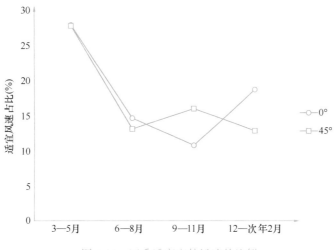

图 4-14　四季适宜室外风速的比例

所有季节室外风速数据（0°）　　　　　　　　　　表 4-10

| 指标 | 3月至5月（春季） | 6月至8月（夏季） | 9月至11月（秋季） | 12月至次年2月（冬季） |
|---|---|---|---|---|
| 最大风速（m/s） | 2.7 | 1.83 | 2.26 | 2.05 |
| 适宜风速占比（%） | 27.76 | 14.54 | 10.67 | 18.58 |

所有季节室外风速数据（45°）　　　　　　　　　　表 4-11

| 指标 | 3月至5月（春季） | 6月至8月（夏季） | 9月至11月（秋季） | 12月至次年2月（冬季） |
|---|---|---|---|---|
| 最大风速（m/s） | 1.94 | 1.94 | 1.85 | 1.77 |
| 适宜风速占比（%） | 27.64 | 13.01 | 15.88 | 12.74 |

不同建筑布局下，最大风速变化趋势存在显著差异。夏季和冬季，南北街道的风速更有利。从6月到8月，在南北布局条件下，适宜风速区域比例为14.54%；而在顺应风向布局条件下，适宜风速区域比例为13.01%，前者比后者高1.53%。从12月到次年2月，在南北布局条件下，适宜风速区域比例为18.58%；在顺应风向布局条件下，适宜风速区域比例为12.74%，前者比后者高5.84%。在这两种建筑布局下，四季中的平均风速为1~5m/s，符合室外舒适要求。然而，相比之下，南北布局具有更好的自然通风效果。

总之，分析得出以下结论：

① 南北建筑布局在北京城市历史区具有更好的通风能力。

② 增加南北街道的数量有助于提高该地区的风速舒适度。

③ 宽敞的街道具有良好的通风能力，使胡同街道的通风效果更显著。

2）爨底下村

不同的建筑布局对风的遮挡效果不同，因此不同街道和巷子的通风能力会不同程度地影响人们的室外活动。本案例选择以下三组典型角度进行比较分析：符合地形现状调整角度为0°的情况、角度调整11°使得建筑物面朝南北的情况、符合主要风向调整角度为67.5°的情况。选择这三组典型角度进行比较分析，以研究不同规划对风环境舒适性的影响。村庄轮廓的简化模型如图4-15所示。

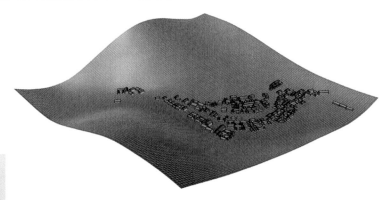

图 4-15　村庄轮廓的简化模型

4-2 模拟结果

在现状地形布局高度为1.5m的模拟结果如二维码4-2和表4-12所示。

所有季节室外风速数据（按地形）　　　表 4-12

| 指标 | 3月至5月<br>（春季） | 6月至8月<br>（夏季） | 9月至11月<br>（秋季） | 12月至次年2月<br>（冬季） |
|---|---|---|---|---|
| 最大风速（m/s） | 6.75 | 4.1 | 6.7 | 6.86 |
| 适宜风速占比（%） | 42.55 | 83.9 | 43.47 | 41.66 |

在南北布局下，1.5m 高度的模拟结果显示在二维码 4-3 和表 4-13 中。

面朝南北布局的所有季节室外风速数据　　　表 4-13

| 指标 | 3月至5月<br>（春季） | 6月至8月<br>（夏季） | 9月至11月<br>（秋季） | 12月至次年2月<br>（冬季） |
|---|---|---|---|---|
| 最大风速<br>（m/s） | 6.63 | 4.16 | 6.63 | 6.78 |
| 适宜风速<br>占比（%） | 52.22 | 87.85 | 52.20 | 49.32 |

4-3 模拟结果

在主要风向下高度为 1.5m 的模拟结果如二维码 4-4 和表 4-14 所示。

4-4 模拟结果

在主要风向下的所有季节室外风速数据　　　表 4-14

| 指标 | 3月至5月（春季） | 6月至8月（夏季） | 9月至11月（秋季） | 12月至次年2月（冬季） |
|---|---|---|---|---|
| 最大风速（m/s） | 6.61 | 4.16 | 6.61 | 6.76 |
| 适宜风速占比（%） | 48.94 | 87.85 | 48.94 | 45.47 |

图 4-16 显示了在不同建筑布局下，随着季节变化，最大风速呈现相同的趋势。在街道上，适宜风速的面积百分比随角度的增加而先增加后减少。通风在夏季最佳，在冬季最差。南北布局的巷子的东西两侧具有明显的适宜风速点。院落封闭程度降低，适宜风速比例比当前布局高 3.95% 和 7.66%。此外，每个季节的最大风速明显低于当前布局下的风速。当前布局下的最大风速接近 5m/s。因此，与其他两种建筑布局相比，南北布局在调

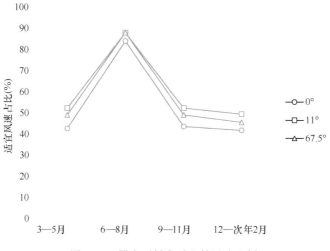

图 4-16　攀底下村合适室外风速比例

节不利风向方面能发挥更加突出的作用，具有更好的自然通风能力。

总结：

① 1.5m 高度处的室外风速在 1～5m/s 范围内，符合人体舒适要求。然而，在北京市郊区，南北建筑布局在调节不利风向方面更为突出，具有更好的自然通风能力。

② 该村东侧建筑密度较高，风速较慢。应减少庭院封闭度，以产生更大的回流区域，减少风阻。

③ 为了使风速均匀，该村庄的街道宽度可以适度增加。

4-5 模拟结果

（2）中观

由于郊区气温较城区更低，民居建筑的热舒适需求高于城区居民。更多的太阳辐射可以改善冬季的热舒适性并增加夏季的热感。本节使用 Honeybee 计算了民居和传统庭院的 UTCI。不同模型的平均 UTCI 反映了热舒适效应。

1）东城区庭院

在东城区选择了四组不同空间尺度的典型庭院进行热舒适性模拟，模拟结果如二维码 4-5 和表 4-15 所示。

东城区典型庭院的热舒适度

表 4-15

| 庭院地点 | 3月至5月 UTCI平均值 | 6月至8月 UTCI平均值 | 9月至11月 UTCI平均值 | 12月至次年2月 UTCI平均值 | 庭院的宽长比 |
|---|---|---|---|---|---|
| 北极阁胡同 7 号 | 14.57 | 27.93 | 13.67 | −2.13 | 0.39 |
| 外交部胡同 12 号 | 13.72 | 28.01 | 13.83 | −2.26 | 0.44 |
| 西总布胡同 7 号 | 14.40 | 28.02 | 14.59 | −2.09 | 0.56 |
| 协和胡同 1 号 | 14.55 | 27.99 | 13.84 | −2.24 | 0.97 |

6月至8月的平均 UTCI 值为：西总布胡同 7 号＞外交部胡同 12 号＞协和胡同 1 号＞北极阁胡同 7 号。12月至次年 2月，平均 UTCI 值为：西总布胡同 7 号＞北极阁胡同 7 号＞协和胡同 1 号＞外交部胡同 12 号。夏季 UTCI 值越接近 26，庭院的热舒适度越高。总体而言，夏季 UTCI 值西总布胡同 7 号仅比北极阁胡同 7 号的最低值高 0.32%。冬季其 UTCI 值比具有最低值的外交部胡同 12 号高 7.5%，因此西总布胡同 7 号的热舒适度最高。

根据东城区和爨底下村的模拟结果，庭院的宽长比越大，庭院内的最大风速和接收到的热辐射量（负值和正值）就越大。通过将室外热环境和风速耦合，可以得出庭院 UTCI 与庭院宽长比之间存在非线性关系的结论。保持宽长比在 0.6 左右（表 4-16）有利于庭院的室外热舒适度，并通过舒适区模拟发现，传统庭院的功能划分已经发生了变化。此外，翼房和主房的前三角区域在所有季节中具有最佳的热舒适度。

庭院的功能划分

表 4-16

| 参数 | 具体特点 |
|---|---|
| 庭院的宽度/长度 | 约为 0.6 |
| 人们活动休息区域 | （东西）翼和前端三角区 |
| 景观区域 | 中间的庭院 |
| 晾晒区域 | 中间的庭院 |

2）爨底下村庭院

选择了三个典型的庭院进行热舒适性模拟：大五房庭院、南北庭院和东西庭院，模拟结果如二维码 4-6 和表 4-17 所示。

4-6 模拟结果

爨底下村典型庭院的热舒适度　　　　　　　　　　表 4-17

| 庭院类型 | 3月至5月 UTCI 平均值 | 6月至8月 UTCI 平均值 | 9月至11月 UTCI 平均值 | 12月至次年2月 UTCI 平均值 | 庭院形式 | 宽长比 |
|---|---|---|---|---|---|---|
| 大五房庭院 | 11.82 | 26.88 | 11.87 | −4.19 | 混合模式 | 0.71 |
| 纵向庭院 | 12.89 | 27.38 | 11.73 | −5.03 | 侧对侧 | 0.86 |
| 横向庭院 | 12 | 27.22 | 12.03 | −2.1 | 端对端 | 0.68 |

这些庭院的热舒适度不在指数值 18～26 的舒适区内，最大值接近该指数值，而春秋季的值与该指数值相似。考虑到北京是一个夏冬季延续较长的寒冷地区，因此选择夏季和冬季的值进行比较研究。

6 月至 8 月的平均 UTCI 值为：纵向庭院＞横向庭院＞大五房庭院；12 月至次年 2 月的平均值为：横向庭院＞大五房庭院＞纵向庭院。夏季 UTCI 值越接近 26，冬季 UTCI 值越接近 18，庭院的热舒适度越高。

（3）微观

通过调查获得了窗户的尺寸。东城区的一座建筑和爨底下村的一座建筑被选为标准模型：东城模型宽 10.0m，深 6.0m，高 4.5m；爨底下模型宽 6.6m，深 5.0m，高 4.3m。窗墙比的范围为 0.1～0.7，间隔为 0.1，因此此模型中有 7 个不同的窗墙比。

1）窗墙比和能耗

图 4-17 和图 4-18 显示了两个模型的冷却和供暖能耗。冷却和供暖能耗随着窗墙比的增加而增加。与传统建筑相比，民居建筑的供暖能耗增长率较高。因此，应采取保温措施以降低民居建筑的供暖能耗，并通过控制窗墙比来减少传统建筑的冷却能耗。

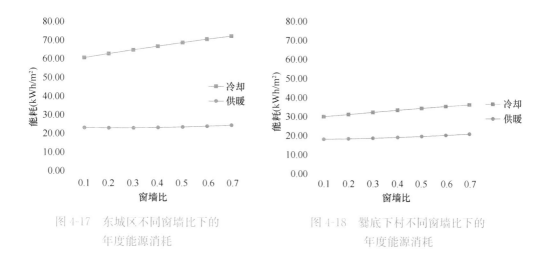

图 4-17　东城区不同窗墙比下的
年度能源消耗

图 4-18　爨底下村不同窗墙比下的
年度能源消耗

2）窗墙比与采光性能

根据《建筑采光设计标准》GB 50033—2013 的规定，卧室和客厅（大厅）的采光照度不应低于300lx。因此，选择了300lx作为平均采光照度的临界值。

图4-19和图4-20展示了室内平均采光照度和采光自主性随窗墙比的变化。当窗墙比超过0.6时，采光照度和采光自主性将不会有显著变化。类似地，还模拟了东、西和北外窗条件下的采光照度和采光自主性，并获得了类似的结果。

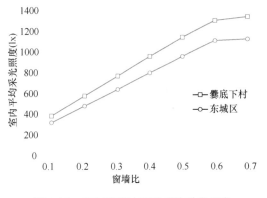

图4-19　不同窗墙比下的平均采光照度　　　　图4-20　不同窗墙比下的采光自主性(全年＞300lx)

如图4-20所示，对于东城区的建筑物，在窗墙比低于0.6时，平均采光照度达到峰值的天数随其比例的增加而增加；当窗墙比高于0.6时，即使窗墙比继续增加，该比例的增加也不明显。因此，在满足300lx的最低平均照度要求的前提下，应尽量降低窗墙比，以节省更多的能源。根据模拟结果，当遮阳构件的尺寸相同时，最佳窗墙比为0.6。

3）檐深与采光性能

根据调查结果，城市建筑的遮阳长度为1.0m，而农村建筑的遮阳长度为0.8m。根据上述结果，城市建筑的最佳窗墙比为0.6。由于农村居民对采光水平的要求较低，较大的窗墙比会带来更高的能耗，从而增加生活成本，因此农村建筑的窗墙比以满足采光标准为前提应尽可能低。当农村建筑的窗墙比为0.2时，可以满足国家标准规定的300lx的室内平均采光照度值。

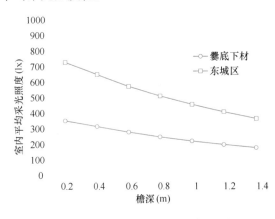

图4-21　不同檐深下的平均采光照度

在上述窗墙比条件下，可以添加适当尺寸的遮阳装置。在城市住宅建筑中，悬挑长度小于1.0m的遮阳装置可以满足室内采光照度的要求；为了满足室内采光照度的要求，农村住宅建筑中的遮阳装置长度应控制在0.5m以下。研究结果如图4-21所示。

4. 讨论

表4-18给出了不同尺度下的设计优化策略和舒适度改善率。数据显示，相同城市中的不同生活习惯在优化策略上存在显著差异。郊区建筑布局的改变显著改善了街道风环境的舒适度。在验证城市建筑布局的适用性后，提出了其他改进策略。居民更喜欢庭院中心的活动区域，因为人们的传统心理与将中间视为尊贵有关。城市庭院

的宽长比应为 0.6（表 4-16），郊区庭院的宽长比应为 0.68（表 4-17），而翼房和主房的前三角区域在所有季节中具有最佳的热舒适度，应该对传统庭院的功能布局进行改变。由于外墙面积较大，通过调整窗墙比可以改变郊区建筑檐深以满足照明需求，还可以显著降低能耗。由于人们生活习惯的差异，确保在较低的能耗前提下改变城市地区的窗墙比对改善居住环境的舒适度具有非常显著的效果。

优化策略总结　　　　　　　　　　　　　　　　　　　　表 4-18

| 尺度 | 建筑类型 | 优化策略 |
|------|---------|---------|
| 宏观 | 城市传统建筑 | 布局是朝北和朝南的 |
|      | 郊区民居建筑 | 根据当地条件的南北布局 |
| 中观 | 城市传统建筑 | 宽长比为 0.6。人类活动休息区是翼房和主房前端的三角区域，庭院的中部是景观和晾晒区 |
|      | 郊区民居建筑 | 宽长比应为 0.68。人类活动休息区是翼房和主房前端的三角区域，庭院的中部是景观和晾晒区 |
| 微观 | 城市传统建筑 | 窗墙比为 0.6。檐深为 0~1m |
|      | 郊区民居建筑 | 窗墙比大于 0.2。檐深小于 0.5m |

宏观、中观和微观尺度的设计准则相互关联。宏观尺度涉及建筑布局，这直接影响了中观庭院的形式。宏观布局考虑适宜的风速，还会影响中观 UTCI 值的大小。此外，中观建筑布局也会影响微观的详细设计。虽然模拟方法保持不变，但不同朝向的建筑的遮阳尺寸和窗墙比也会有所不同。

### 5. 结论

本研究提出了城市传统住宅建筑和郊区民居建筑的性能优化策略。从空间组合、庭院规模、庭院功能分布、窗墙比和檐深五个方面进行了模拟分析。总结了当前这两种类型住宅建筑存在的问题，并对住宅微气候进行了科学研究。在本案例研究中，从三个尺度提出了优化策略：宏观上考虑了风环境对人类舒适度的影响；中观上考虑了耦合效应下庭院内的热舒适度分布；微观上考虑了窗墙比和檐深的选择。

本案例研究的结果对住宅建筑的设计和施工具有实际意义。提出的策略可以在设计过程中实施，以提高传统住宅建筑的性能。例如，与庭院功能设计相关的策略有助于有效利用庭院，与窗墙比和檐深相关的策略可用于提高平均采光照度。这些策略可以在新建项目或改造现有建筑中实施。

## 4.3 数据分析

随着科技的不断进步，数据分析作为一种强大的工具，正逐渐在各个领域展现出其巨大的潜力。在建筑设计领域，数据分析也逐渐发挥重要作用，为设计师们提供了更准确、高效的决策支持。本节将探讨数据分析在建筑设计中的应用，旨在展示其对设计过程、可持续性以及用户体验的积极影响。

（1）数据驱动的设计决策

在过去，建筑设计往往基于设计师的经验和直觉。然而，这种方式可能会导致一些难以预测的结果。通过数据分析，设计师们可以基于真实数据作出决策，从而减少主观因素的影响。例如，利用历史天气数据和能耗数据，设计师可以更好地选择材料、隔热方案以及通风系统，以降低能源消耗并提高建筑的舒适性。

（2）可持续性和能效分析

在全球变暖和资源短缺的背景下，建筑业越来越重视可持续性。数据分析可以帮助设计师评估不同设计方案的环境影响，并优化建筑的能效。通过模拟和分析，可以预测建筑在不同季节和使用情况下的能源消耗，从而优化设计，降低能源浪费。

（3）用户体验的提升

建筑设计应该以人为本，满足用户的需求和期望。数据分析可以帮助设计师了解用户的行为模式和偏好，从而优化空间布局和功能设置。例如，在商业建筑中，通过分析人流数据，设计师可以确定热门区域和拥堵区域，进而优化店铺的摆放和通道设计，提升购物体验。

（4）建筑信息模型（BIM）与数据分析的融合

BIM 是数字化建筑设计的重要工具，而数据分析的引入使其更加强大。BIM 可以集成多维数据，包括几何、时间、成本和性能等信息。借助数据分析，设计团队可以对大规模建筑项目进行实时监控和预测，及时发现潜在问题并采取措施，从而保证项目的顺利进行。

综上所述，数据分析在建筑设计领域的应用正逐渐改变设计的方式和决策的基础。从更准确的决策、更高效的能源利用，到更人性化的用户体验，数据分析为建筑设计带来了更多可能性。然而，在应用过程中也需要关注数据安全和隐私问题，确保数据的合法、安全使用。随着技术的进一步发展，数据分析势必将在建筑设计中发挥越来越大的作用，为创造更优质的建筑环境提供坚实支持。

以下以二维图像分析成矢量图形为例，讲述编程在此方面的应用。

### 1. 研究内容

（1）三维数字建模与工程实践中的两个问题

1）随着时间推移，竣工图可能因手工测量图纸的低准确性和有限信息而无法准确反映建筑物的当前状态。因此，需要一种能够获取反映当前情况且信息丰富的图纸的方法。

4-7 图像、三维模型分析的应用例

2）如何直接、迅速、准确地将电子测量模型转化为二维矢量线绘图，以支持其他研究？

本案例研究旨在优化现有算法并提出新算法，突破转化过程中的技术壁垒，部分实现对二维工程图纸的自动、准确、快速提取，为既有建筑物的翻新、保护和研究提供初步数据。本案例融合了研究与设计，探索了数字建筑技术与工程实践应用，并为推动行业创新与发展提供了有价值的参考和思路。基于此，本案例研究在促进数字建筑技术与工程实践发展、提升建筑竣工图的准确性与可靠性方面具有重要的理论和实践价值。

（2）子目标

1）算法优化增强：对用于 3D 数据转换过程中的现有算法进行优化，以提高其效率和准确性。通过分析和改进当前的方法，克服技术障碍，增强提取过程的整体性能。

2）新算法开发：提出了针对从 3D 数据自动提取 2D 工程图纸的新算法。这些算法应在稳健性、准确性和速度方面相较现有方法展示出进步。通过开发创新方法，推动转换过程的界限，实现更可靠、自动化的提取技术。

3）促进建筑翻新与保护：为翻新和保护现有建筑提供初步数据。准确高效地提取2D工程图纸，这些图纸将为参与建筑翻新项目的专业人士提供有价值的参考，促进决策过程，并确保修复工作的准确性。

4）促进研究与创新：探索数字建筑技术在工程实践中的应用。通过弥合理论进展与实际实施之间的差距，激发行业创新和发展。

5）增强建筑竣工图的准确性和可靠性：通过运用先进的算法和方法，最小化转换过程中可能出现的错误和不一致性。

（3）研究内容

1）2D正交图纸分析：对2D正交图纸进行详细分析，以实现精确的矢量描绘。

2）模型曲率分析：对3D模型的曲率进行分析，以识别关键特征。

3）点云转多段线：利用点云信息构建多段线，以获得所需的矢量文件。

4）自动标注尺寸：通过算法对图纸进行自动尺寸标注，以确保数据的准确性和可操作性。

（4）二维正射影像分析

如图4-22所示，尽管原始设计图纸已不复存在，我们可以推断该建筑具有对称性，轮廓呈水平和垂直状。然而，正射影像显示出一种不对称且非线性的建筑形态，轮廓由具有显著拐点的多边形链组成。因此，有必要进一步分析当前的正射影像，以获取具有图层和曲线宽度信息的矢量图像，以供数据归档和后续工作使用。

图 4-22　从点云模型获得的正射投影

1）从点格转换为多段线

本案例研究采用多段线的连接和优化方法，将点格转换为对形态变化的多段线表示。该过程中的具体步骤包括将点连接成多段线，连接线段，并优化多段线。

2）自动化尺寸测量

为了准确描述建筑物的形状变化，需要精确定位图纸上的线条。

**2. 技术路线**

本项目需要包含三种不同线条和尺寸的建筑图纸。具体包括：

（1）剖段线：这些线条在平面和剖面图中具有重要意义，是最粗的线条。类似于图4-23中展示的墙体、柱子的线。

（2）投影线：这些线条是投影到平面和剖面的，如楼梯、门、窗户和景观边界。此外，它们定义了建筑与周围环境之间的边界，建筑体量之间的边界，并在立面图中标示窗户。如图 4-23 所示为楼梯的二维图纸。

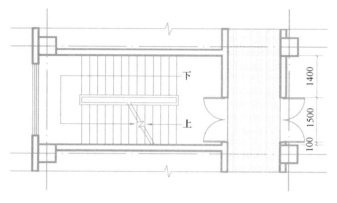

图 4-23　二维图纸

（3）纹样线：虽然图案线属于投影线条的范畴，但它们强调特定细节，包括颜色绘画和铺路纹理的描述。这些线条为分析建筑细节提供了重要数据，类似于图 4-23 中的走廊铺装。

尺寸：尺寸是反映现有建筑细节的比例、尺寸和定位的关键信息。如图 4-23 中的标注。

本案例提出了三种方法，将建筑图纸中的线条和尺寸信息以矢量格式存储，以实现更准确、更高效的建筑分析和评估。图 4-24 显示了一个用于自动获取高精度、高信息图纸的技术路线。

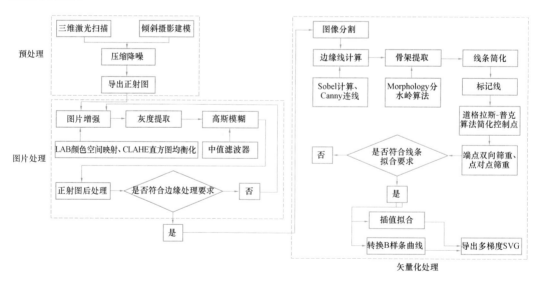

图 4-24　技术路线

这个技术路线包括四个步骤：

（1）3D 模型曲率分析：对于 Nurbs 模型，将执行随机排列点、遗传算法收敛、曲率分析和获取拐点四个步骤。对于网格，使用拟合二次曲面的方法来获取和分析曲率。

（2）3D 模型剖面：对于点云模型，点云被切片，使用两个参数（到切片平面的最近距离和相邻点之间的距离）来控制切片点的提取。对于网格，进行直接切割以获得切割的折线。

（3）正交影像处理：基于作者之前的研究成果，通过输出不同阈值来获取分层中的线条。不同层次的线条具有不同的密度和宽度。

（4）曲线处理：从上述三个步骤中获得的线条需要通过 Douglas-Peuker 算法进行优化，转换成 Nurbs 曲线，完成注释和存档工作。

**3. 研究方法**

（1）剖面线提取方法

点云模型由大量点组成。如图 4-25 所示，该建筑有数十亿个点，用平面切割模型不会产生交叉线。本文描述了从点云模型中提取剖面线的过程。首先，通过分析每个点到平面的距离，提取距离切割平面小于 0.1mm 的点。如果有重复的点或点过于密集，通过控制点之间的最小距离来删除一些点，最终获得一组点。

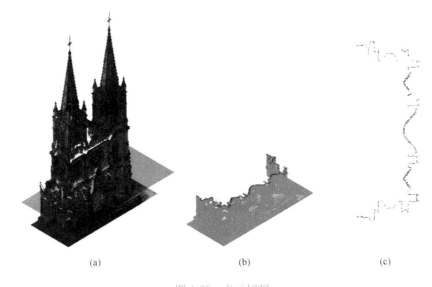

(a)                    (b)                    (c)

图 4-25　点云切割

本研究使用两个步骤来分析图 4-25(c) 的点以获取趋势线：

1）连接相邻点：图 4-26(a) 显示了图 4-25(c) 的一些点。相邻点被连接以表示这些点的趋势线。

2）简化控制点：对于具有重复连接和过多控制点（如图 4-26(b) 中的矩形所示）的过度拟合折线，使用 Douglas-Peuker 算法进行优化，这样可以减少控制点的数量，同时不显著改变折线形状。

Douglas-Peuker 算法的基本思想：

1）使用一条直线连接折线的起始点和终点。

2）计算控制点与直线之间的距离，并将距离与最大距离 $D_{max}$ 进行比较。如果距离小于阈值 $D$，则删除该点；否则保留该点。

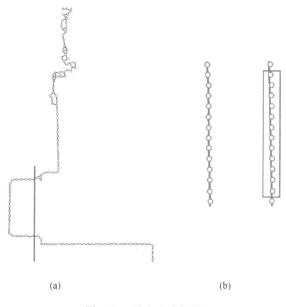

(a)        (b)

图 4-26　从点生成折线

3）将折线分为两部分，重复步骤 2）。

4）迭代删除控制点以达到目标。

本案例研究利用 Douglas-Peuker 算法简化曲线，因为 3D 点云和斜摄影建模数据都包含大量信息，导致派生线条中的控制点数量较多。然而，在特定比例（如 1∶100 或 1∶50）下生成图纸时，大量的控制点是不必要的。因此，有必要简化曲线的控制点，Doug-las-Peuker 算法在尽可能保留曲线形状的情况下，最小化控制点的数量，为此目的提供了帮助。

必须澄清的是，在研究中没有对该算法进行修改。案例研究的技术流程是一个闭环系统，结合了已有技术和新开发技术。因此，Douglas-Peuker 算法仅代表这个综合框架中的一个组成部分。

斜摄影建模技术生成网格可以通过切割网格来获得折线。为了更准确地反映建筑的形状，通过分析这些折线，并形成 Nurbs 或插值曲线。图 4-27(a) 显示了网格边界的示例，图 4-27(b) 显示了更加平滑的 Nurbs 曲线。

（2）轮廓线和图案线的提取方法

1）二维正射影像的处理

提取轮廓线和图案线的方法可以分为两类：2D 和 3D。

基于之前的研究，正射影像的分析包括七个关键步骤：图像增强、降噪、边缘计算、骨架计算、边缘线提取、线条简化和线条拟合。在此基础上，本案例进一步研究了其中三个步骤：边缘计算、骨架计算和边缘线提取，并通过设置不同的阈值来计算不同密度的线条和骨架（图 4-28）。

2）3D 模型的曲率分析

对于 Nurbs 模型，由于可以在曲面上的任何点计算曲率，本案例使用的方法是首先在模型上随机分布点，然后通过遗传算法进行干预。

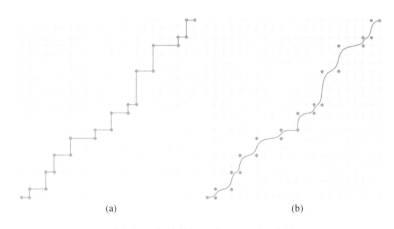

(a)                                    (b)

图 4-27　折线的控制点和 Nurbs 曲线

图 4-28　原始正射影像和基于阈值的折线分类

　　首先，如图 4-29(a) 所示，在曲面上随机分布点。

　　其次，如图 4-29(b) 所示，计算每个点的曲率，使用曲率的最大绝对值作为遗传算法的收敛目标，以便点可以收敛到极端曲率的位置。

　　最后，通过执行曲率分析、输入阈值、获取变异点和连接线条，可以获得图 4-29(c) 中的线段。

　　在这个过程中，遗传算法发挥了关键作用。因为它可以减少计算时间并以目标导向的方式安排点。图 4-30(a) 展示了完全随机分布的点。当密度足够时，也可以直接提取极端曲率的位置。例如，如果一个图中有 1000 个点且它们分布稀疏，很难捕捉变异点；如果增加到 10000 个点，会带来太多无效计算。使用遗传算法后，1000 个点可以集中在极端曲率的位置，如图 4-30(b) 所示。

　　由于图 4-30(a) 中的线是断开的，需要形成连续的折线。图 4-30(b) 显示了连接起始点和结束点后的结果，黑色线段是生成的连接线。

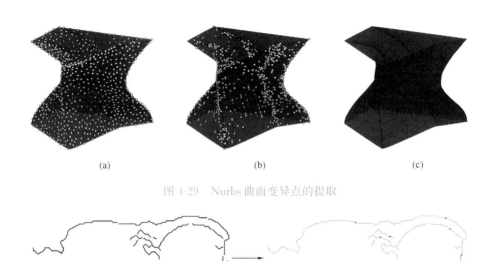

(a)　　　　　　　　　(b)　　　　　　　　　(c)

图 4-29　Nurbs 曲面变异点的提取

(a)　　　　　　　　　　　　　　　　　　(b)

图 4-30　折线的连接

3）网格曲率分析

如果模型是网格，需要分析每个顶点的曲率。然而，网格上的所有顶点都是变异点，因此没有曲率值。因此，需要将变异点的坐标与其周围点的坐标结合起来拟合一个二次曲面，然后使用表面的曲率作为变异点的曲率。本案例研究中用于拟合二次曲面的方程式为：

$$a_1 x^2 + b_1 y^2 + c_1 z^2 + a_2 x + b_2 y + c_2 z = d$$

其中，$x$、$y$ 和 $z$ 是变异点及其周围点的坐标。系数 $a_1$、$b_1$、$c_1$、$a_2$、$b_2$、$c_2$ 和 $d$ 是通过拟合这些点的坐标获得的。

根据上述方程式，可以使用点的坐标和其周围六个点的坐标来确定二次曲面。然而，通过简化方程式可以减少计算量。有三种方法可以简化方程式：

$$a_1 x^2 + b_1 y^2 + c_1 z^2 + a_2 x + b_2 y + c_2 z = 1$$
$$ax^2 + by^2 + cz^2 = d$$
$$ax^2 + by^2 + cz^2 = 1$$

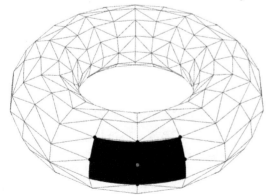

图 4-31　网格顶点曲率分析

相应地，可以使用六个（$a_1$、$b_1$、$c_1$、$a_2$、$b_2$、$c_2$）、四个（$a$、$b$、$c$、$d$）或三个（$a$、$b$、$c$）点来确定二次曲面。如图 4-31 所示，灰色顶点的曲率可以通过与其相连的六个黑色顶点拟合成一个二次曲面，并且可以计算出表面上灰色顶点的曲率。可以通过遍历每个顶点来获得曲率，并提取满足输入阈值的顶点。

在此基础上，将色彩反映曲率的分析作为描绘轮廓的关键组成部分。图 4-32（a）展示了原始网格，图 4-32（b）展示了

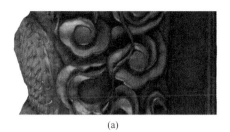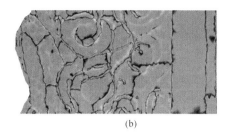

(a)　　　　　　　　　　　　　　　　(b)

图 4-32　网格曲率分析

曲率分析示意图。

　　将色彩曲率分析纳入基于数控的分析的理由，是因为数控生成的点往往是分散的，如图 4-33(a) 所示。因此，连接这些分散点的折线会出现相当多的抖动和不均匀噪声，限制了它们准确表示形状变异的能力。通过引入色彩分析步骤，形状变异变得更加明显和清晰，如图 4-33(b) 所示。因此，获得的变异点更加线性，能够更清晰地展示形状轮廓。这在模型的线性和明显的轮廓颜色中得到体现。通过分析相关区域中点的空间分布可获得图 4-33(b) 中的点。随后，可以连接相邻点并优化折线，以达到所需的效果。

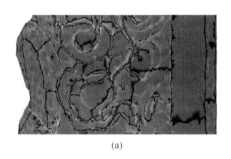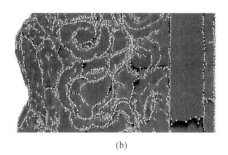

(a)　　　　　　　　　　　　　　　　(b)

图 4-33　利用网格曲率分析获取变异点

　　由于空间曲线和曲面之间存在遮挡关系，某些曲线的部分将不可避免地被遮挡。然而，立面所需的必要曲线可能会被保留，从而可以获得准确的 2D 立面图。

　　(3) 标注方法

　　在经过长时间使用后，建筑发生了变形，通过所采用的方法生成了复杂而不规则的曲线。避免过度简化曲线是至关重要的，因为这会导致重要信息的丧失，从而削弱了对原始建筑的表现。另一方面，如果不对曲线进行简化和优化，控制点会过于密集，距离水平为 0.1mm。由于信息过载和过度拟合的曲线含有过多的噪声，因此它们不适合用于工程中。因此，有必要将 2D 曲线控制在特定比例和误差范围内，通常为毫米级。

　　为了解决这些难题，本案例提出使用网格定位方法来确定所有曲线与网格交叉点之间的距离，以在允许的误差容限内实现准确的曲线定位。如图 4-34 上部所示，在网格中放置曲线是一个复杂的过程，需要大量的努力和时间。因此，开发一种自动标记曲线和网格交点的方法以减少劳动力并提高准确性至关重要。图 4-34 下部展示了平面曲线的自动标记，将曲线放置在网格中，程序会自动标记"曲线和网格交点"与"最近网格线之间的距离"。

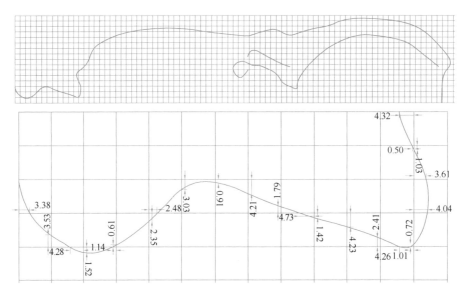

图 4-34　自动标记尺寸

**4. 研究结果**

**（1）基于点云的平面生成方案**

本案例以位于北京市西部的爨底下村一座建筑的点云数据文件为案例，探讨了利用点云数据生成楼层平面图的方法。其中包括剖面线的提取以及不同线条粗细的表现。所研究的建筑位于村庄中轴线最高点，为典型的清代古建筑。

图 4-35(a) 展示了建筑的初始状态，显示了剖面线以及背景元素。该过程的输入数据

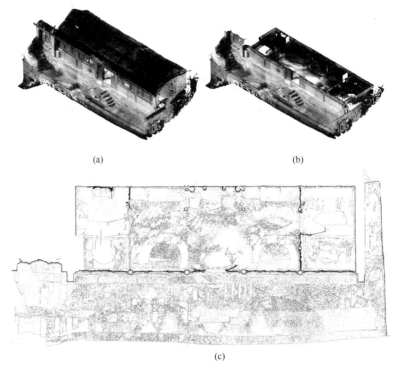

(a)　　　　　　　　　　　　　　　(b)

(c)

图 4-35　通过点云获取平面图

包括距离剖切平面小于 0.005mm 的点，并在两个点之间的距离小于 0.002mm 时随机删除一个点。在连接相邻点和简化剖面线控制点的技术应用后，得到了分段的线条，如图 4-35(b) 所示。随后，通过正射影像处理方法，将背景元素转化为不同厚度的线条表示，增强了线条表现的清晰度。

为了优化生成的线条，研究采用了道格拉斯—普克算法。通过进一步检查每条线的端点，建立它们之间的连接，确定最终的曲线。

经过处理，最终的 2D 平面图如图 4-35(c) 所示。该图展示了房屋的细节，包括剖面线的偏差和投影的详细信息。投影线条分为五种不同的厚度和不同的透明度，以描述不同边缘突出程度的层次。

（2）基于网格的立面生成方案

本案例研究采用曲率分析和颜色分析的方法对网格进行分析，获取变异线条，从而得到所需的 3D 线条，并进行投影生成立面图。本案例研究使用犀牛（Rhinoceros）和草履虫（Grasshopper）参数化设计软件来实施该程序，如图 4-36 所示。

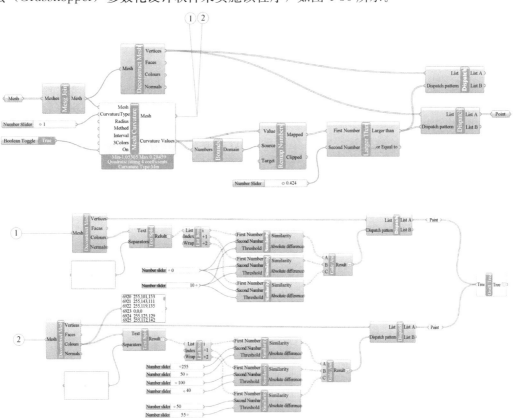

图 4-36　带有颜色分析的网格曲率分析程序

图 4-37(a) 表示了龙柱的一部分，而图 4-37(b) 展示了带有整合颜色分析的网格曲率分析。在图 4-37(b) 中的黑色区域表示强调的关键线条。进一步地，图 4-37(c) 突出显示了基于图 4-37(b) 提取的关键线条，而图 4-37(d) 则呈现了从图 4-37(b) 中提取的相对次要的投影线条。最后，图 4-37(e) 展示了考虑了投影和遮挡情景的矢量立面图。

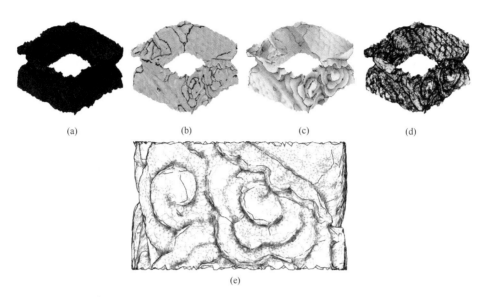

(a)　　　　　　　(b)　　　　　　　(c)　　　　　　　(d)

(e)

图 4-37　带有颜色分析的网格曲率分析程序示意图

（3）倾斜摄影建模生成的 2D 绘图

本案例研究采用新颖的方法分析 3D 数据，以古博和德里的前住宅为基础进行分析。该建筑位于中国贵州省遵义市老城中段的杨柳街，位于遵义会议旧址后门的左侧。该建筑建于 20 世纪 20 年代末，为木结构。场地面积为 704m²，建筑面积为 541m²。1999 年，遵义市政府拨款修复了这座建筑。2000 年 1 月 15 日，遵义会议纪念馆对外开放，呈现了原始布局。作为遵义会议纪念体系的重要组成部分，这座建筑具有重要意义。该建筑于 2022 年 5 月进行了扫描，使用的是固定扫描仪-Leica RTC 350，还使用了 DJI M600 无人机进行航空扫描。扫描过程由两人进行，另外两人负责操作无人机。实地工作历时 4 天，数据处理和分析历时 10 天。

建筑的立面，包括边界和图案曲线，如图 4-38 所示。该分析采用了 3D 变异和 2D 正射影像技术生成最终的作品。此外，可以通过将曲线类型分为四类（程序默认值），从而将建筑的轮廓、窗户、扶手、砖纹等细节以不同的曲线宽度在不同的层次中可视化。通过

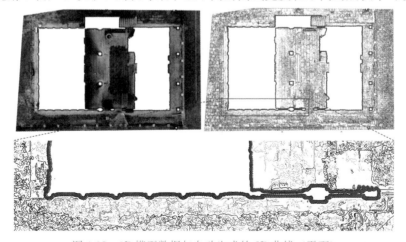

图 4-38　3D 模型数据与自动生成的 2D 曲线（平面）

有意旋转立面，演示了以上方法能够迅速地分析不同角度的正射影像，生成 2D 曲线绘图，而不仅仅是建筑立面。在图 4-38 中，剖面曲线导致了图像下方的宽灰色线条。投影线条显示在剖切线旁边，分为四组，显示不同的轮廓宽度。图 4-39 展示了不同深度之间的不同边缘，形成了立面线条。

图 4-39　3D 模型数据与自动生成的 2D 曲线（立面）

　　图 4-40 展示了分析中的尺寸部分，剖面线在图中标出。本案例使用了一个可控误差的 25mm×25mm 网格来自动生成分段尺寸标签。在 1∶3 的比例下，网格中的矩形尺寸

图 4-40　平面的自动尺寸标注

为 8.3mm×8.3mm，绘图中的尺寸可以显示为 1.7mm，使其能够被肉眼辨别并在工程中使用。一个人类学生需要 8h 完成的尺寸测量工作，计算机算法可以在两分钟内完成，大大节省了时间。

道格拉斯普克算法在 Python 语言实现的源代码：

```python
class DouglasPeuker(object):
    def __init__(self):
        self.threshold = 0.0001
        self.qualify_list = list()
        self.disqualify_list = list()
    def diluting(self, point_list):
        if len(point_list) < 3:
            self.qualify_list.extend(point_list[::-1])
        else:
            max_distance_index, max_distance = 0, 0
            for index, point in enumerate(point_list):
                if index in [0, len(point_list) - 1]:
                    continue
                distance = point2LineDistance(point, point_list[0], point_list[-1])
                if distance > max_distance:
                    max_distance_index = index
                    max_distance = distance
            if max_distance < self.threshold:
                self.qualify_list.append(point_list[-1])
                self.qualify_list.append(point_list[0])
            else:
                sequence_a = point_list[:max_distance_index]
                sequence_b = point_list[max_distance_index:]
                for sequence in [sequence_a, sequence_b]:
                    if len(sequence) < 3 and sequence == sequence_b:
                        self.qualify_list.extend(sequence[::-1])
                    else:
                        self.disqualify_list.append(sequence)
    def do_chouxi(self, point_list):
        self.qualify_list = list()
        self.disqualify_list = list()
        self.diluting(point_list)
        while len(self.disqualify_list) > 0:
            self.diluting(self.disqualify_list.pop())
        return self.qualify_list
def simplify_lines(lines):
    douglaspeuker = DouglasPeuker()
    new_lines = []
    for line in lines:
```

```python
            new_lines.append(douglaspeuker.do_chouxi(line))
        return new_lines
```

连线在 Python 语言实现的源代码：

```python
def closest_end(map2d, i, j, sr=2):
    left = max(i-sr, 0)
    top = max(j-sr, 0)
    right = min(i+sr+1, len(map2d))
    down = min(j+sr+1, len(map2d[0]))
    min_dis = (sr * * 2) * 2
    min_index = (i, j)
    if((i, j) == (4, 377)):
        print(left, top, right, down)
    for m in range(left, right):
        for n in range(top, down):
            if map2d[m][n] != 0 and (m-i) * * 2 + (n-j) * * 2 < min_dis:
                min_index = (m, n)
    return min_index
def connect(lines, shape, sr=2):
    map2d = np.zeros(shape, dtype=int)
    for i, line in enumerate(lines):
        assert map2d[line[0][0]][line[0][1]] == 0
        assert map2d[line[-1][0]][line[-1][1]] == 0
        map2d[line[0][0]][line[0][1]] = i
        map2d[line[-1][0]][line[-1][1]] = i
    connects = []
    add_end = set()
    for i in range(shape[0]):
        for j in range(shape[1]):
            if map2d[i][j] > 0:
                m, n = closest_end(map2d, i, j)
                min_line = map2d[m][n]
                if min_line != map2d[i][j] and (m, n) not in add_end:
                    add_end.add(map2d[i][j])
                    add_end.add(map2d[m][n])
                    connects.append((map2d[i][j], (i, j), min_line, (m, n)))
    print(f'len of connects is {len(connects)}')
    uniq_connects = []
    uniq_line2 = set()
    for con in connects:
        line1, (i, j), line2, (m, n) = con
        if line2 not in uniq_line2:
            uniq_line2.add(line2)
            uniq_connects.append((line1, (i, j), line2, (m, n)))
        else:
```

```python
        _line1, (_i, _j), _line2, (_m, _n) = uniq_connects[-1]
        if (i-m) ** 2 + (j-n) ** 2 < (_i-_m) ** 2 + (_j-_n) ** 2:
            uniq_connects[-1] = (line1, (i, j), line2, (m, n))
print(f'len of uniq_connects is {len(uniq_connects)}')
res_connects = []
uniq_line_pair = set()
for con in uniq_connects:
    line1, (i, j), line2, (m, n) = con
    if (line1, line2) not in uniq_line_pair:
        uniq_line_pair.add((line1, line2))
        uniq_line_pair.add((line2, line1))
        res_connects.append((line1, (i, j), line2, (m, n)))
print(f'len of res_connects is {len(res_connects)}')
final_res_connects = []
points_conn = defaultdict(list)
points_set = set()
for con in res_connects:
    line1, (i, j), line2, (m, n) = con
    points_conn[(i, j)].append(con)
    points_conn[(m, n)].append(con)
for (a, b) in points_conn:
    if len(points_conn[(a, b)]) > 1:
        con_list = points_conn[(a, b)]
        min_dis = (sr ** 2) * 2
        _con = None
        for con in con_list:
            line1, (i, j), line2, (m, n) = con
            _dis = (m-i) ** 2 + (n-j) ** 2
            if _dis < min_dis and (i, j) not in points_set and (m, n) not in points_set:
                _con = con
        if _con:
            points_set.add((i, j))
            points_set.add((m, n))
            final_res_connects.append(_con)
for (a, b) in points_conn:
    if len(points_conn[(a, b)]) == 1:
        line1, (i, j), line2, (m, n) = points_conn[(a, b)][0]
        if (i, j) not in points_set and (m, n) not in points_set:
            points_set.add((i, j))
            points_set.add((m, n))
            final_res_connects.append(points_conn[(a, b)][0])
print(f'len of res_connects is {len(final_res_connects)}')
```

```
        return final_res_connects
```

道格拉斯普克算法在 Python 语言实现的源代码：

```python
import rhinoscriptsyntax as rs
import os
import sys
import random
def ptRange(pt01, pt02):
    xB = random.uniform(pt01[0], pt02[0])
    yB = random.uniform(pt01[1], pt02[1])
    zB = random.uniform(pt01[2], pt02[2])
    return xB, yB, zB
def ArrayPointsOnSurface():
    surface_id = rs.GetObject("Select surface", rs.filter.surface)
    if surface_id is None: return
    randomPtsNum = rs.GetInteger("Num of random points")
    U = rs.SurfaceDomain(surface_id, 0)
    V = rs.SurfaceDomain(surface_id, 1)
    if U is None or V is None: return
    points = []
    points_005 = []
    curvature_means = []
    curvatures = []
    lines = []
    for i in range(randomPtsNum):
        param0 = random.uniform(U[0], U[1])
        param1 = random.uniform(V[0], V[1])
        point = rs.EvaluateSurface(surface_id, param0, param1)
        u, v = rs.SurfaceClosestPoint(surface_id, point)
        surface_curvature = rs.SurfaceCurvature(surface_id, (u, v))
        curvatures.append(surface_curvature)
        points.append(point)
        if abs(surface_curvature[7]) > 0.1:
            points_005.append(point)
            rs.AddPoint(point)
    for point in points_005:
        result = rs.PointCloudClosestPoints(points_005, [point], 5.0)
        if result and len(result[0]) > 1:
            end_point = points_005[result[0][1]]
            lines.append([point, end_point])
            rs.AddLine(point, end_point)
    print(len(points))
    print(len(points_005))
```

```
        print(len(lines))
    if __name__ == "__main__":
        print(sys.executable)
        ArrayPointsOnSurface()
```
二维图片分析的源代码从略。

## 本章小结

本章深入探讨了建筑性能模拟和数据分析在工程设计中的重要性及其应用。通过介绍常用性能模拟软件、阐述参数化设计与性能模拟平台的结合方法、展示具体案例分析等内容，使读者对性能模拟和数据分析有了全面的认识。本章强调了在设计阶段应用性能模拟的必要性，以及通过数据分析来指导设计优化的有效性。这些内容不仅有助于提升设计的科学性和合理性，还为读者提供了实用的技术工具和方法。通过学习本章内容，读者将能够更好地运用性能模拟和数据分析技术解决设计中的实际问题，提升设计效率和质量。

## 思考题

1. 在设计中，如何协调客观的性能指标和主观的使用者意愿？
2. 技术在设计辅助中的作用是什么？
3. 你将来准备研究哪一方面的技术？为什么？

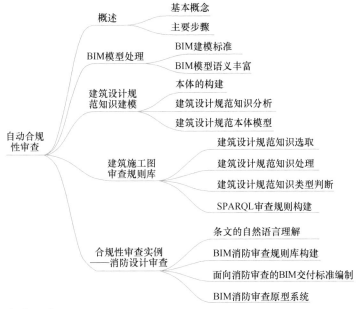

自动合规性审查

知识图谱

知识图谱结构：

自动合规性审查
- 概述
  - 基本概念
  - 主要步骤
- BIM模型处理
  - BIM建模标准
  - BIM模型语义丰富
- 建筑设计规范知识建模
  - 本体的构建
  - 建筑设计规范知识分析
  - 建筑设计规范本体模型
- 建筑施工图审查规则库
  - 建筑设计规范知识选取
  - 建筑设计规范知识处理
  - 建筑设计规范知识类型判断
  - SPARQL审查规则构建
- 合规性审查实例——消防设计审查
  - 条文的自然语言理解
  - BIM消防审查规则库构建
  - 面向消防审查的BIM交付标准编制
  - BIM消防审查原型系统

本章要点

知识点1. 自动合规性审查的重要性和基本原理。

知识点2. 自动合规性审查技术的具体应用。

知识点3. 自动合规性审查工具的发展和应用情况。

知识点4. 合规性审查意识的培养。

学习目标

（1）理解自动合规性审查的重要性：掌握自动合规性审查在提高设计效率、减少错误、确保设计质量方面的优势。

（2）了解自动合规性审查的基本原理：学习自然语言处理、规则引擎、机器学习等技术在自动合规性审查中的应用。

（3）掌握自动合规性审查的实现方法：学习如何运用现有工具和技术实现自动合规性审查，包括规则定义、算法设计、系统集成等。

（4）了解自动合规性审查工具的发展：掌握当前市场上主要的自动合规性审查工具及其特点，了解其在实际工程设计中的应用情况。

（5）培养合规性审查意识：通过学习本章内容，增强在设计过程中进行合规性审查的意识，提高设计成果的合规性和可靠性。

建筑施工图设计文件（简称"建筑施工图"）是建筑设计阶段最终产生的主要文件之一，对指导建筑施工、保障建筑质量有重要作用。为保障施工图的质量、加强对建设工程设计的监督管理，我国实行施工图审查制度。作为确保建筑满足规范要求、保障消防安全、实现舒适节能的关键环节，施工图审查直接关系到人民的生命财产安全。

当前，建筑业正处在提质增效、转型升级的关键节点，传统施工图审查手段已难以应对工程项目规模与复杂度不断增长的现状。因此，亟需研究数字化施工图审查体系以及审查过程的自动化方法与技术，实现施工图审查标准的规范化表达与设计方案自动检查，从而确保建筑满足规范要求、保障人民生命财产安全，使专业人员专注方案设计与优化、提升建筑设计水平、提升城市生活品质。本章将深入探讨自动合规性审查技术的概念和实现路径。

# 5.1 概述

## 5.1.1 基本概念

自动合规性审查又叫自动设计审查或自动规则检查，国际上相关研究最早可追溯到20世纪80年代。以2000年为分界点，可大致分为两个阶段。2000年以前，设计信息的表达以计算机辅助绘图为核心，而规范要求的表达则通过决策表、计算机代码等形式内嵌在专家系统中。

2000年以后，随着建筑信息模型技术及相应数据标准的提出，可以利用BIM表达更加丰富的设计信息，基于BIM的自动设计审查技术和软件开始出现。目前国外已经在防火、应急疏散、围护结构、给水排水等专业领域开展了BIM环境下的施工图审查研究，即利用三维BIM信息交付成果作为建筑设计信息的载体和来源，提取相关设计信息，运用规则推理，完成施工图审查。我国的设计单位已经开始逐步推行BIM协同设计模式，以BIM信息模型作为最终的设计交付成果，部分城市进行BIM合规性审查试点，随着BIM协同设计模式的不断推广和成熟，最终BIM合规性审查将会成为施工图审查的主要模式之一。

《住房和城乡建设部工程质量安全监管司2020年工作要点》（建司局函质〔2020〕10号）中指出："突出安全审查，推动联合审查。采用'互联网＋监管'手段，推广施工图数字化审查，试点推进BIM审图模式，提高信息化监管能力和审查效率。"《2016—2020年建筑业信息化发展纲要》中指出"建立设计成果数字化交付、审查及存档系统……探索基于BIM的数字化成果交付、审查和存档管理。开展白图代蓝图和数字化审图试点、示范工作。"

当前，加速推动BIM技术应用和数字化审图已经成为建筑行业发展的大势。随着BIM在我国建筑业的应用加深，研究基于BIM的建筑施工图自动合规性审查，可以用于辅助当前的建筑施工图人工审查，减轻审查人员的工作负担，提高审查工作效率，并在一定程度上避免审查工作中出现建筑设计规范条文漏审和错审的情况，如图5-1所示。

Eastman教授及其团队是自动合规性审查领域的先驱之一，他们于2009年对自动规则检查在建设工程领域的应用作了系统调研，并将相应过程总结为四个阶段，即：规范解

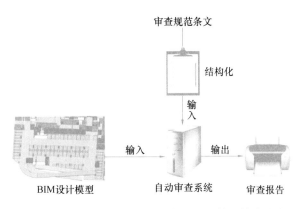

图 5-1　基于 BIM 模型的自动审图流程输入输出示意

读、模型准备、模型审查、审查报告错误。基于 Eastman 等人的研究，建立如图 5-2 所示的基于 BIM 的自动合规性审查的研究框架。框架包括三个阶段，分别为信息抽取（包括规范条文信息抽取与 BIM 模型数据信息抽取）、逻辑推理与结果输出。

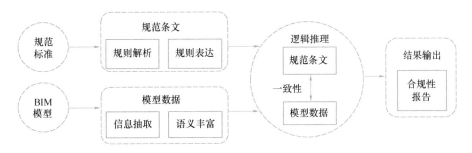

图 5-2　基于 BIM 的自动合规性审查的研究框架

规范条文信息抽取是将建筑规范条文转译成计算机可解释的规则的过程，在信息抽取前需要对规范进行文本分类与词性标注，基于规则或基于机器学习（包括深度学习）的自然语言处理方法可以帮助自动化地转译规范条文，得到逻辑规则。

BIM 模型信息抽取是基于面向对象的数据建模方法，结合本体（Ontology）和 IFC 从 BIM 模型中提取构件信息，并且通过信息增强方法进行 BIM 模型的语义丰富，得到逻辑事实。

逻辑推理是将 BIM 模型中实体和关系的实例与计算机可解释的规则表示中的实体和关系匹配，即将逻辑事实与逻辑规则相互映射，并使用语义推理引擎将匹配后的逻辑规则与逻辑事实进行逻辑推理的过程，最终输出合规性报告供设计和审查人员使用。

## 5.1.2　主要步骤

### 1. 规则解析与表达

建筑设计的规则首先由人们定义，并以语言的形式表示，通常是书面文本、表格和可能的公式，进而不断发展完善，形成完整的建筑规范与标准。为了实现自动合规性审查，需要将这些自然语言的规范条文结构化为计算机可以识别的语句，即进行规则解析。

规则解析主要考虑以下两种方式：

（1）直接将每条规范条文转换为对应的计算机代码，该方法需要专业人员进行条文的逐条理解分析、编码操作，效率低且不利于规范条文数据库的扩展与升级。

（2）先对规范条文的叙述逻辑、语义进行解读，再进行规范条文的结构化，即基于规范条文内在的文本语义进行结构化处理，对涉及的审查对象及其属性进行标准化，该方法需要选取适当的文本结构化平台。

长期以来，规则解析与更新均依赖领域专家人工实现。近年来，有关学者开始探索利用自然语言处理和本体论进行规则的自动或半自动提取。但由于规范条文结构复杂、隐含领域知识等问题，自动化规则的提取仍然任重而道远，目前仅能在有限的领域实现规则自动或半自动提取。

规则表达则是采用某种标准形式表达提取或解译的规则的方法。规则表达最初直接采用计算机编程语言实现，但存在编辑修改要求高、不透明、难重用等问题，逐步发展出决策表/参数表、一阶谓词逻辑、本体等方式。由于规则解译过程往往涉及两方面问题：一是规则应用的上下文语境或对象（如规则应用于梁还是门）；二是规则应用的具体属性（如是门的尺寸还是材料）。因此，往往需要引入以本体为代表的语义信息建模方法表达相应信息。尽管相关研究先后提出规范标记语言、N3Logic、SWRL、LegalRuleML、RASE 等用以表达规范蕴含的知识和规则，但目前仍未形成开放、灵活的规范表达框架。

### 2. BIM 模型信息的表达

BIM 技术的提出引入了基于面向对象的数据建模方法，可以表达构件类型、名称以及诸多几何属性信息（如 IfcSpace 中的名称、分区、楼层、面积等属性）。在 BIM 技术的基础上，针对自动设计审查，进一步出现了面向合规性审查的建筑模型。

当前，BIM 模型尚不支持对空间关系、连通关系等信息的表达与分析，这也是自动合规性审查的主要障碍。当前的 BIM 技术，例如 IFC 仅支持与建筑规范相关的有限信息覆盖，无法保证 IFC 标准和建筑规范之间链接的完整性，尤其是 IFC 标准缺乏完善的构件空间关系、拓扑连通关系等信息的描述能力。有研究表明，大约一半的合规性要求需要由用户解决，仍需要与系统进行人工交互才能将缺失的数据添加到 IFC 文件中。因此，需要引入空间数据分析等信息增强方法进行 BIM 模型的语义丰富。

语义丰富是使用领域专家知识从 BIM 模型推断新对象、属性和空间关系的过程，可以识别 IFC 文件中缺失的信息。BIM 语义丰富是在 BIM 建模过程不完备的情况下，对设计信息必要的补充步骤。

### 3. 规则判断与执行

基于规则解析和模型处理环节得到两个数据库，即：①含有结构化的建筑规范条文及相应审查规则的"规范数据库"；②含有 BIM 模型参数的"工程信息数据库"。在规则判断与执行环节，根据用户输入建筑项目的项目概况，如建筑类型、建筑结构形式、建筑使用性质等，形成审查项目列表。系统将依照审查项目列表从规范数据库和工程信息数据库中自动筛选出待审查规范及所需工程信息，并结合推理规则对两个数据库中的信息进行对比分析，即可完成实际工程设计与规范条文的一致性审查。

规则推理和执行主要涉及四个方面的内容：规则转换、几何计算、数据有效性和数据一致性。

规则转换是将基于特定表达形式的规则转换为推理引擎的内部形式，如推理引擎可直接支持采用的规则表达形式，则该步骤可以略过。例如，当前大多数语义推理引擎均可直接利用本体和 SWRL 进行推理。同时，也有研究利用可视化编程语言直观、易懂的特点，研究提出基于可视化编程语言的规则推理和检查方法。

几何计算则是指在当前 BIM 基本几何信息的基础上，进一步分析各构件三维表达的空间关系（如包含、相交、上下等关系），从而为涉及各构件相对空间关系的规范条文检查提供支持。

数据有效性则是在进行有关规则的检查和推理之前，对设计模型所包含的信息进行检查，以确保满足规则检查的需要（如在检查防火分区的要求之前应确定设计模型中已创建了分区信息）。数据一致性是指用以进行规则检查的不同模型视图之间应该相互一致，不存在冲突。

#### 4. 报告生成

最后是对规则审查结果的输出，审查输出结果表示的是上述规则推理后的设计合规性情况，即基于 BIM 的建筑专业施工图的合规性审查报告。该输出报告应客观准确地输出审查结果，满足后续工作的需要。

## 5.2 BIM 模型处理

### 5.2.1 BIM 建模标准

BIM 标准体系的不完善阻碍了 BIM 技术的推广。其中，BIM 建模标准是 BIM 技术在工程项目中应用的基础，BIM 模型作为数据的载体，只有模型规范化才能使 BIM 技术在项目全生命周期中发挥最大价值。但目前，在 BIM 建模过程中没有遵循统一的标准，各参与方在 BIM 模型使用过程中由于各自的需求不同，模型所包含的数据也不同，常常造成意见不统一、模型数据交付困难等问题。例如从决策阶段、设计阶段、施工阶段到运维阶段，对 BIM 模型的精细度要求不同，建模设计人员需要根据不同阶段创建不同的模型。

BIM 模型建模标准化研究可以为建筑工程提供一个操作性强、兼容性强的标准，满足建筑工程设计和建造过程中信息的建立、交互，特别是参与方在协同管理体系中对项目的控制，同时可以成为后期成果交付时对接的基础。建模标准的建立不仅可以帮助建筑业在建筑信息的道路上走得更快更远，也能促进建筑行业各项工作内容的规范化发展。

在建筑产品全生命周期内，BIM 可以作为建筑施工图从二维到三维转化的媒介，也可以是不同阶段、不同参与方之间信息传递的载体，需要依据相关的 BIM 的交付标准。在基于 BIM 的自动合规性审查中，需要在前期按照合规性审查的应用目的进行建模，确定 BIM（包括 BIM 模型及电子设计总说明）从建设方到审图机构传递的交付需求。

### 5.2.2 BIM 模型语义丰富

根据采用的技术原理不同，BIM 语义丰富方法可分为基于规则推理、基于机器学习、基于仿真结果三类。

　　首先，基于规则推理是一类广泛使用的 BIM 语义丰富方法。基于规则推理方法是通过构建复杂几何或空间关系的推理规则集，从 BIM 模型中提取几何信息并设计几何推理算法进行缺失语义（例如新的属性、空间关系）的补充，使用规则集来推断和添加模型中未明确表示的信息。该方法可以针对现实中的 BIM 案例进行语义丰富，需要对 BIM 模型缺失的语义信息进行归纳总结，进一步完善复杂几何或空间关系的推理规则集。基于规则推理方法的局限性在于多数规则集是基于专家经验编写的，推理结果的准确性和客观性依赖于规则集的准确性。

　　其次，基于机器学习的语义丰富方法也是当前的一类主流思路，机器学习在 BIM 语义丰富中主要用来解决对象分类问题和语义完整性问题，其中对象分类问题包括构件分类和房间分类等。目前已有一些研究探索了基于机器学习解决对象分类问题的可能性。使用机器学习进行对象分类包括两个主要步骤：训练和预测。支持向量机和深度神经网络等机器学习方法可以用于从 BIM 模型中提取信息，以根据建筑元素的几何和空间特征对其进行分类或识别（例如房间类型分类）。基于机器学习的方法克服了基于规则推理方法的一些局限性，如编译规则的复杂性和主观性，但在对象分类时仍然面临着获取适当的且足够大的数据集以及提取最相关和最有意义的特征的挑战。

　　最后，基于仿真结果的方法是使用仿真结果（如能源、照明、声学和湿热性能）扩充 BIM 模型的语义信息，对相应建筑规范进行合规性审查。该方法针对能源、照明、声学和湿热性能等几何推理方法无法得到的信息，进一步完善 BIM 模型的语义信息。

　　目前，多数语义丰富研究仍处于理论研究阶段。为进一步推进算法实用化，仍需不断改进推理算法，进一步完善复杂几何或空间关系的推理规则集，以支持复杂空间关系分析和场景推理。

## 5.3　建筑设计规范知识建模

　　知识建模是指根据知识的类型、性质和应用目的来选择知识的表达形式，并将知识转化为计算机可以处理的数据模型。传统的知识建模采用的是面向对象的方法，难以表达复杂的语义关系和进行语义推理。在建筑设计规范知识分析的基础上开发建筑设计规范本体（Ontology），可以较好地弥补传统知识建模方法的不足。

### 5.3.1　本体的构建

　　本体源于哲学领域，是对客观存在的抽象本质的系统描述。借助计算机语言和建模工具，本体的概念有了对应的计算机编程实现，如 Google 公司推出的知识图谱就是经典的本体模型应用软件。

　　本体通常由类、属性、实例、关系、函数和公理六部分组成。类是事物的抽象概念，是本体中最基础的元素。本体的类是对概念的标准化描述，包含实例和子类。属性是对类所具有的性质的描述，分为对象属性和数值属性。对象属性描述类之间的关系，数值属性描述类的性质。实例是类的具体对象，包含类的属性。关系是类之间和类与实例之间的联系，如类之间的整体与部分关系（part-of）、父与子类的继承关系（kind-of）、类和对应实例之间的关系（instance-of）和类之间的属性关系（attribute-of）。函数用于限定类之间的映射关系。公理用于约束类、属性、实体之间的关系。其中，类、属性、实例和关系是最基本的组成部分。

本体的开发应遵循五条原则：

（1）清晰性（Clarity），即本体应能准确、客观、完整地描述所定义的概念。

（2）一致性（Coherence），即本体的推理结果应与定义相一致。

（3）可扩展性（Extendibility），即本体可以在已有概念的基础上定义满足其他需求的新概念，且不需要修改已有概念。

（4）编码依赖度最小（Minimal Encoding Bias），即本体应能在不同系统中实现知识共享。

（5）本体约定最小（Minimal Ontological Commitment），即本体应使用最少的约定实现知识的完整表达。

在遵守本体开发原则的基础上，本体的开发者会根据涉及领域和开发目的来确定本体的开发方法。目前存在多种本体开发方法，如骨架法、七步法等。其中，斯坦福大学用于本体开发的七步法已趋于完善，本体开发七步法如图 5-3 所示。

目前常用的本体开发工具主要分为人工开发工具和半自动化开发工具。人工开发工具通常具有可视化界面，使得用户可以简单直观地完成本体的开发操作，如 Protégé、WebOnto 和 OntoEdit。其中，Protégé 是斯坦福大学医学院生物信息研究中心基于 Java 语言开发的开源免费的本体开发工具和知识编辑器，当前版本为 5.1 版本。Protégé 提供知识模型架构用于支持本体的各种操作，还支持基于插件和基于 Java 的 API 的软件扩展，最突出的优点是支持中文。

本体描述语言按照表达形式可以分为基于谓词逻辑和基于 Web，基于 Web 的本体描述语言由于互联网的普及和发展已经成为主要的本体描述语言。基于谓词逻辑的本体描述语言主要包括 OCML、LOOM 和 CycL，存在部分概念和关系难以用准确的形式化表达的局限性。基于 Web 的

图 5-3　本体开发七步法

本体描述语言主要包括 RDFS、DAML＋OIL 和 OWL，其中，OWL（Web Ontology Language）是 W3C（World Wide Web Consortium）推荐使用的一种网络本体语言。OWL 是由 DAML＋OIL 演变和发展得到的，是 RDFS 的扩展。OWL 具有强大的语义描述能力，并支持 RDF/XML 语法和知识推理。OWL 是由 OWLDL、OWLLite 和 OWL-Full 这三个子语言组成的，用于满足不同的表达能力和计算效率的需要。OWLDL 和 OWLLite 是基于描述逻辑的，而 OWLFull 以资源描述架构提供兼容叙述。

## 5.3.2　建筑设计规范知识分析

### 1. 建筑设计规范知识特点

建筑设计规范数量众多，在适用对象、强制性、使用范围等方面存在差异，但是也存在以下两个共同点：

一是动态变化。建筑设计规范具有时效性，其内容是根据规范制定或修订时间前对规范适用对象的最低要求确定的，这种最低要求会随着建筑业的发展、新材料的使用、工程技术的进步和人民生活需求的提高等因素而提升。

二是分散分布。建筑设计规范不是孤立存在的，不同的建筑设计规范之间存在相互关联的关系。涉及某一个建筑对象的适用条文可能会分布在不同的建筑设计规范中，如住宅建筑的楼地面设计需要同时符合《住宅设计规范》GB 50096—2011、《民用建筑设计统一标准》GB 50352—2019 和《建筑地面设计规范》GB 50037—2013 等建筑设计规范的相关条文要求。同时，建筑设计规范之间通常存在相互参照的情况，如《民用建筑设计统一标准》GB 50352—2019 中的"建筑间距应符合防火规范要求"参照《建筑设计防火规范（2018 年版）》GB 50016—2014 第 5.2.2 条的具体规定。

**2. 建筑设计规范知识分类**

建筑设计规范知识在建筑设计规范中的表现形式主要是文本和图表。建筑设计规范知识大致可分为适用条件和约束内容两部分，如"临空高度在 24m 以下时，栏杆高度不应低于 1.05m"的适用条件是"临空高度在 24m 以下时"，约束内容是"栏杆高度不应低于 1.05m"。建筑设计规范知识按照约束内容的类型，可以分为对象属性、包含关系、措施采取、空间关系、规范遵循、术语明确等。

对象属性类知识是对建筑对象的属性进行约束的规范知识，如几何属性约束"建筑基地道路的人行道路宽度不应小于 1.50m"和材料属性约束"楼层结构必须采用现浇混凝土或整块预制混凝土板，混凝土强度等级不应小于 C20"。

包含关系类知识是对建筑对象间的包含关系进行约束的规范知识，分为包含对象类如"超高层民用建筑应设置避难层（间）"和包含数量类如"设置电梯的居住建筑应至少设置 1 处无障碍出入口"。

措施采取知识是要求建筑对象采取相应措施的规范知识，如"基地内应有排除地面及路面雨水至城市排水系统的措施"。

空间关系类知识是对建筑对象间的空间关系进行约束的规范知识，分为空间位置类如"住宅卫生间不应直接布置在下层的卧室、起居室、厨房和餐厅的上层"和空间距离类如"两个安全出口的距离不应小于 5m"。

规范遵循类知识是要求建筑对象遵循其他规范的规范知识，通常表现为"应符合……的规定/要求"，如"卫生设备配置的数量应符合专用建筑设计规范的规定"。规范遵循类知识要求建筑对象符合特定规范的相关规定，而这些规定的具体内容存在于对应规范的相关条文中，这些相关条文的规范知识通常属于对象属性、包含关系、空间关系或措施采取类。因此，大部分规范遵循类知识可以转换成对象属性、包含关系、空间关系或措施采取类的规范知识。

术语明确知识是对规范中的重要概念给出详细定义的规范知识，主要存在于规范的第二章，如"民用建筑是供人们居住和进行公共活动的建筑的总称"。

其他类知识是不属于前六类的规范知识，如"必须保护生态环境，防止污染和破坏环境"。

### 5.3.3 建筑设计规范本体模型

七步法具有本体开发过程简单的优点，但是缺少本体评价和反馈的环节，难以保证本体的质量。因此，为了更好地完成建筑设计规范本体建模，可以在七步法的基础上加入本体评价和反馈的环节，具体步骤如下：

**1. 确定本体的领域和范畴**

建筑施工图合规性审查需要的规则来自于建筑设计规范，知识建模对象应是建筑设计规范。因此，本体的领域为建筑设计规范领域，范畴是建筑专业。

**2. 考虑重用现有的本体**

通过检索，建筑设计规范领域相关的本体较少，建筑质量验收规范领域本体、IfcOWL 和建筑领域本体较多。这三个本体虽然可以提供部分建筑对象的概念和属性，但是由于领域的差异导致无法直接复用，因此必须要进行本体开发。

**3. 确定本体中的重要概念**

通过对建筑设计规范的分析，确定建筑设计规范本体的四个基本概念，即建筑对象、建筑规范知识、建筑规范条文和建筑规范知识文件。参考已有的建筑领域分类标准（IFC 标准和 OmniClass）和相关本体（建筑质量验收规范领域本体、IfcOWL 和建筑领域本体），选取《民用建筑设计术语标准》GB/T 50504—2009、《民用建筑设计统一标准》GB 50352—2019、《无障碍设计规范》GB 50763—2012 和《住宅设计规范》GB 50096—2011 等建筑设计规范的术语作为核心概念。

**4. 定义类和类的等级体系**

根据已确定的概念创建本体的类，通过自上而下的顺序建立类的层级结构，确定类和类之间的继承关系。将建筑设计规范作为父类，设置建筑对象、建筑设计规范知识、建筑设计规范条文和建筑设计规范文件四个子类，其中建筑对象为重要概念，是建筑施工图合规性审查的关键要素。这里参考 IFC 标准和 IfcOWL 本体，将建筑对象分为建筑项目、建筑场地、建筑物、建筑楼层、建筑空间和建筑构件六个子类，其中建筑空间和建筑构件是关键概念。

**5. 定义类的属性**

本体的属性包括对象属性和数值属性。对于建筑设计规范中出现的属性，采用汉语进行命名；对于建筑设计规范中未出现的属性，可以参考 IFC 标准的相关概念采用英语进行命名。对象属性包括表达建筑对象、建筑设计规范知识、建筑设计规范条文和建筑设计规范文件之间关系的元属性以及表达包含关系和空间关系的属性。数值属性分为对象属性、措施采取和空间距离三部分。建筑设计规范本体的属性如图 5-4 所示。

**6. 定义类的关系**

利用对象属性表达类之间的关系，利用数值属性表达类与数据间的关系，之后利用定义域（Domain）、值域（Range）、值约束和基数约束来完善关系。建筑设计规范本体的部分关系如图 5-5 图示，其中，不同类型的线表示类与类之间通过不同的对象属性进行关联。

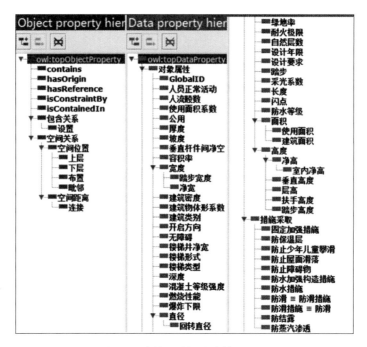

图 5-4　建筑设计规范本体的属性

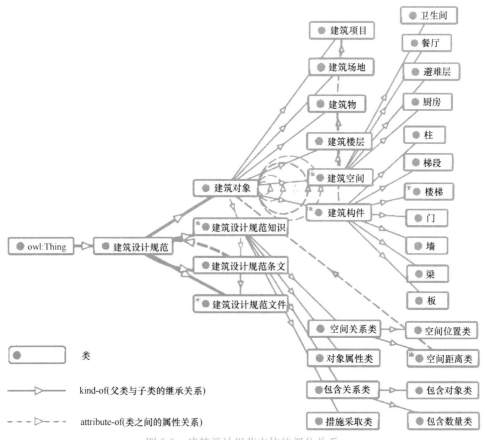

图 5-5　建筑设计规范本体的部分关系

### 7. 创建实例

将不可再分的对象作为实例添加到对应的类中，之后完善实例的关系和属性。建筑设计规范文件类中包含具体的建筑设计规范实例，如《无障碍设计规范》GB 50763—2012。

### 8. 本体评价和反馈

通过Protégé5.1自带的Pellet推理机对建筑设计规范本体进行一致性检验，如图5-6所示，图中框选的"Explain inconsistent ontology"选项为灰色，说明本体是一致的。由本体开发专家和专业领域专家对本体进行综合评价，综合评价指标包括可操作性、可扩展性和覆盖性。根据评价结果判断本体是否完善，若本体需要完善，则重复上述步骤3~8，直至确定建筑设计规范本体开发完成。

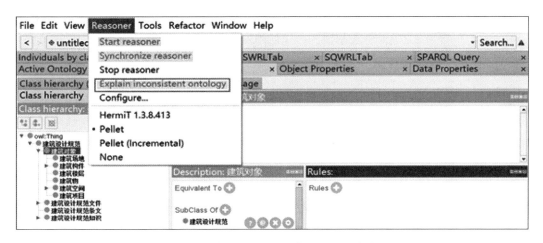

图5-6 建筑设计规范本体的一致性检验

基于上述的本体开发方法开发的一个合格的建筑设计规范本体如图5-7所示。

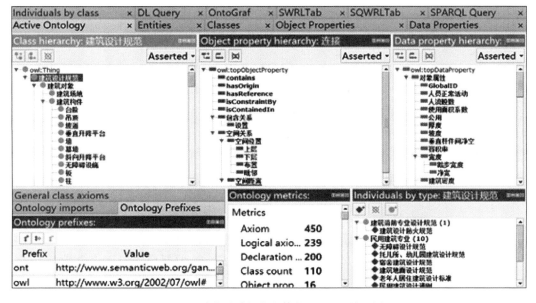

图5-7 建筑设计规范本体的Protégé界面图

## 5.4　建筑施工图审查规则库

本体虽然具有强大的语义描述能力，可以通过类和属性描述语义关系来支持规则推理，但是其自身难以描述规则知识，因而必须利用其他语言结合本体来进行规范知识的规则表达。

### 5.4.1　建筑设计规范知识选取

建筑设计规范知识按照约束内容的类型可以分为对象属性、包含关系、措施采取、空间关系、规范遵循、术语明确和其他七类，从而开发建筑设计规范本体。在此基础上，可以利用建筑设计规范本体中的类和属性来构建基于建筑规范知识的建筑施工图审查规则。

建筑设计规范知识按照约束内容的判定难度可以分为直接判定、推导判定和经验判定三类。

第一，直接判定类规范知识通过直接比较或匹配单个或少量的参数值与规定值来进行判定，如"楼梯踏步宽度不应小于 0.26m，踏步高度不应大于 0.175m"。

第二，推导判定类规范知识通过比较或匹配需要经过推导才能得到的参数值与规定值来进行判定，如"卧室、起居室（厅）、厨房的采光窗洞口的窗地面积比不应低于 1/7"，部分参数值需要考虑空间信息和周围的构件信息才能得到，如公共建筑的安全疏散距离要求。

第三，经验判定类规范知识要求审查对象提供符合规范要求的证据，通常存在多个符合要求的解决方式，部分知识需要专业领域的专家根据多方面因素进行判定，如"建筑总体布局应结合当地的自然与地理环境特征，不应破坏自然生态环境"。经验判定类规范知识难以表达为审查规则。

根据约束内容的判定难易程度和数学方式表述能力的综合考虑，最终选定对象属性、包含关系、措施采取和空间关系四类规范知识作为研究对象，用于构建建筑施工图合规性审查的审查规则。

### 5.4.2　建筑设计规范知识处理

建筑设计规范文本需要进行分词和标注，这是建筑设计规范知识处理的关键工作。分词是将连续的字序列按照一定的规范重新组合成词序列的过程，现有的分词算法按照算法类型可以分为基于字符串匹配、基于理解和基于统计。目前比较成熟的中文分词工具包括 NLPIR 汉语分词系统、盘古分词和 CSW 中文智能分词组件等。同时，这些分词工具还会自动进行词性标注，即确定每个词的词性类型（名词、动词、形容词等）并利用词性符号（/n、/v、/a 等）进行标注。

NLPIR 汉语分词系统由于具有较好的分词精度与分词速度而得到广泛应用，可以采用 NLPIR 汉语分词系统对建筑设计规范文本进行分词。选取部分建筑设计规范文本进行测试，分词和标注的结果如图 5-8 所示。"梯段""踏步宽度""踏步高度""扶手高度"等用户需要词汇的分词准确，词性也标注正确。分词和标注结果说明配置后的用户词典能满足建筑设计规范知识处理的需要。

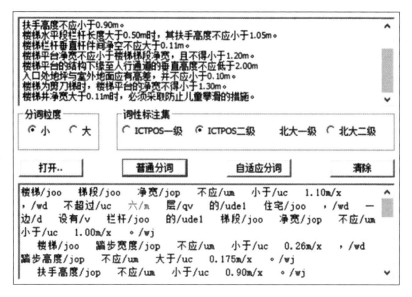

图 5-8 建筑设计规范文本分词和标注结果界面

### 5.4.3 建筑设计规范知识类型判断

基于分词和标注的结果，建筑设计规范知识可以进行分类处理，用于支持后文的建筑施工图审查规则的构建。根据选取的四类建筑设计规范知识的基本表达形式，可以按照基本表达形式中要素词性的类型和数量判断建筑设计规范知识的类型，判断依据见表 5-1。以规范知识"楼梯踏步宽度不应小于 0.26m"为例，分词结果为"楼梯/joo 踏步宽度/jop 不应/um 小于/uc0.26m/x"，其中建筑对象/joo 数量为 1，对象属性/jop 数量为 1，情态词/um 数量为 1，比较词/uc 数量为 1，因此该条规范知识为对象属性类规范知识。

建筑设计规范知识类型判断依据 表 5-1

| 类型 | 建筑对象 /joo | 对象属性 /jop | 包含关系 /joi | 措施采取 /jom | 空间位置 /josl | 空间距离 /josd | 情态词 /um | 比较词 /uc |
|---|---|---|---|---|---|---|---|---|
| 对象属性类 | ≥1 | ≥1 | 0 | 0 | 0 | 0 | 1 | 1 |
| 包含关系类 | ≥2 | 0 | 1 | 0 | 0 | 0 | 1 | ≥0 |
| 措施采取类 | ≥1 | 0 | 0 | 1 | 0 | 0 | 1 | 0 |
| 空间位置类 | ≥2 | 0 | 0 | 0 | ≥1 | 0 | 1 | 0 |
| 空间距离类 | ≥1 | 0 | 0 | 0 | 0 | 1 | 1 | 0 |

这里选取符合类型判断依据的建筑设计规范知识来构建建筑施工图审查规则。规范知识中词性为/joo、/jop、/joi、/jom、/josl、/josd、/um、/uc、/x、/m 和/q 的词，即本体的部分概念（建筑对象、对象属性、包含关系、措施采取、空间位置、空间距离）、情态词、比较词、字符串（如 1.00m、0.26m）、数词和量词，是通过对应关系构建建筑施工图审查规则的关键要素。

### 5.4.4　SPARQL 审查规则构建

SPARQL（SPARQL Protocol and RDF Query Language）是为 RDF 开发的一种查询语言和数据获取协议，是基于 rdfDB、RDQL 和 SeRQL 等 RDF 查询语言发展起来的，是 W3C 的推荐标准。其中，RDF 是一种基于 XML 的用于描述 WEB 资源的资源描述框架，也是 W3C 的推荐标准，可以使用三元组（主语、谓语、宾语）描述信息。完整的 SPARQL 语句分为声明、查询形式和结果、数据集、图模式和结果修饰五个部分，如图 5-9 所示。

```
声明 —— PREFIX foaf: <http://xmlns.com/foaf/0.1/>

查询形式和结果 —— SELECT ?name

数据集 —— FROM <http://example.org/foaf/aliceFoaf>

图模式 —— WHERE { ?x foaf:name ?name }

结果修饰 —— ORDER BY ?name
```

图 5-9　SPARQL 语句

声明部分定义了命名空间的前缀和符号，PREFIX 是 IRI 的前缀，foaf：是命名空间的符号；查询形式和结果部分明确了查询形式和查询结果，查询形式分为 SELECT、CONSTRUCT、DESCRIBE 和 ASK 四种，SELECT 是使用最多的形式，而查询结果的"?"表示变量；数据集部分定义了查询的 RDF 数据集，RDF 数据集可以是一个或多个；图模式部分定义了查询的相关变量和约束条件，由三元组组成；结果修饰部分定义了查询结果的处理方式，包括 ORDER BY、DISTINCT、LIMIT、OFFSET 等方式。

针对住宅单体建筑，以《无障碍设计规范》GB 50763—2012 和《住宅设计规范》GB 50096—2011 中的部分规范知识为例构建 SPARQL 审查规则。表 5-2 以审查对象梯段为例，展示了建筑设计规范知识和构建的 SPARQL 审查规则的部分内容，其中 SPARQL 审查规则仅显示查询形式和结果部分以及图模式部分。

SPARQL 审查规则　　　　　　　　　　　　　　　　　　　表 5-2

| 建筑对象 | 建筑设计规范知识 | SPARQL 审查规则 |
|---|---|---|
| 梯段 | 每个梯段的踏步不应超过 18 级，亦不应少于 3 级 | SELECT ? a ? b<br>WHERE{? ardf：typeont：梯段 . ? aont：踏步? b.<br>filter((? b<3) ‖ (? b>18))} |
| | 按每股人流 0.55m＋(0~0.15)m 的人流股数确定，并不应少于两股人流 | SELECT ? a ? b ? c<br>WHERE{? ardf：typeont：梯段 . ? aont：净宽? b. ? aont：人流股数? c.<br>filter((? c<2) ‖ (? b<0.55 * ? c))} |
| | 楼梯梯段净宽不应小于 1.10m | SELECT ? a ? b<br>WHERE{? ardf：typeont：梯段 . ? aont：净宽? b.<br>filter(? b<1.10)} |
| | 踏步宽度不应小于 0.26m | SELECT ? a ? b<br>WHERE{? ardf：typeont：梯段 . ? aont：踏步宽度? b.<br>filter(? b<0.26)} |
| | 踏步高度不应大于 0.175m | SELECT ? a ? b<br>WHERE{? ardf：typeont：梯段 . ? aont：踏步高度? b.<br>filter((? b>0.175)} |

SPARQL 审查规则可以查询建筑设计规范本体中不符合规范要求的实例，并列出查询结果。Protégé 提供 SPARQLquery 插件，可以直接在 Protégé 中对本体实例进行查询。建筑设计规范本体中具有五个梯段实例，梯段实例的名称和踏步数量如图 5-10 所示。

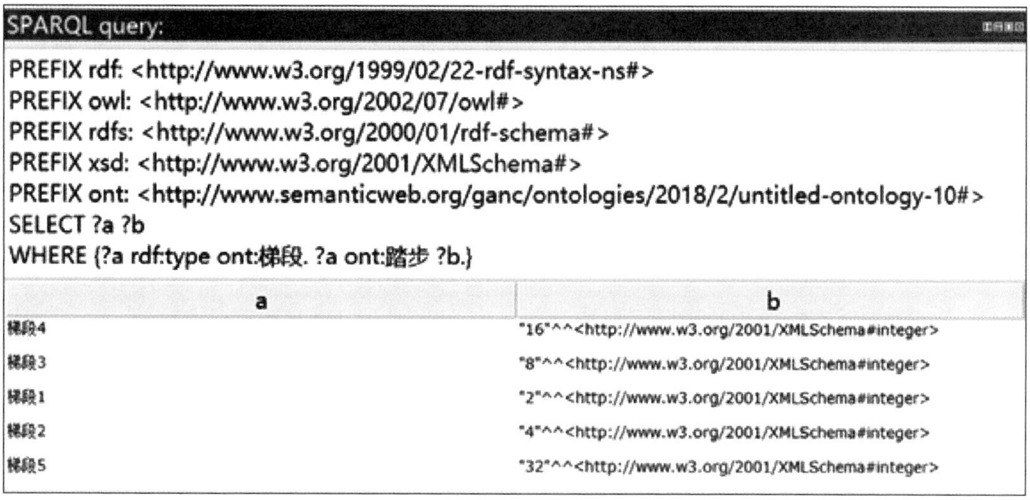

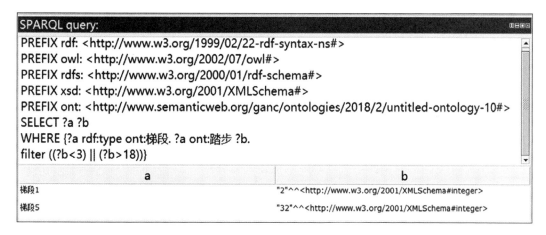

图 5-10　梯段实例的名称和踏步数量

根据表 5-2SPARQL 审查规则中梯段踏步数量的审查规则查询不符合规范要求的梯段实例，如图 5-11 所示。

图 5-11　不合规梯段实例查询结果

## 5.5　合规性审查实例——消防设计审查

本实例研究了基于 BIM 的消防自动审查，具体内容包括消防审查规范条文的自然语言理解、BIM 消防审查规则库的构建、面向消防审查的 BIM 交付标准编制、BIM 消防审查原型系统研发。通过研究计算机辅助审查技术，可保证规范条文审查的全面性，特别是可避免工程建设标准强制性条文的错审、漏审问题，提高审图质量。

### 5.5.1 条文的自然语言理解

把建筑设计规范知识按照约束内容的类型分为对象属性、包含关系、措施采取、空间关系等，利用建筑设计规范本体中的类和属性来构建基于建筑防火规范知识的建筑施工图审查规则。《建筑设计防火规范(2018 年版)》GB 50016—2014 知识基本表达形式见表 5-3。

建筑防火设计规范知识基本表达形式                                  表 5-3

| 类型 | | 基本表达形式 |
| --- | --- | --- |
| 对象属性类 | | (建筑对象)(对象属性)(情态词)(比较词)(值) |
| 包含关系类 | 包含对象类 | (建筑对象)(情态词)(包含关系)(建筑对象) |
| | 包含数量类 | (建筑对象)(情态词)(包含关系)(比较词)(值)(建筑对象) |
| 措施采取类 | | (建筑对象)(情态词)(措施采取) |
| 空间关系类 | 空间位置类 | (建筑对象)(情态词)(空间位置)(建筑对象) |
| | 空间距离类 | (建筑对象)(空间距离)(情态词)(比较词)(值) |

以《建筑设计防火规范（2018 年版)》GB 50016—2014 中的条例为例：

(对象属性类)：5.1.3 单、多层重要公共建筑和二类高层建筑的耐火等级不应低于二级。

(包含对象类)：5.3.2 高层建筑内的中庭回廊应设置自动喷水灭火系统和火灾自动报警系统。

(措施采取类)：5.5.12 一类高层公共建筑和建筑高度大于 32m 的二类高层公共建筑，其疏散楼梯应采用防烟楼梯间。

(空间关系类)：5.5.2 建筑内的安全出口和疏散门应分散布置，且建筑内每个防火分区或一个防火分区的每个楼层、每个住宅单元每层相邻两个安全出口以及每个房间相邻两个疏散门最近边缘之间的水平距离不应小于 5m。

自然语言描述的各类建筑规范，需要进行分词和标注。本实例采用 NLPIR 汉语分词系统对建筑设计规范文本进行分词，基于分词和标注的结果，建筑设计规范知识可以进行分类处理，用于支持建筑消防审查规则库的构建（图 5-12)。

### 5.5.2 BIM 消防审查规则库构建

自然语言描述的各类建筑规范，使用专家系统模型（IF-THEN)，可以统一表示为人和计算机均可理解的一组规则，形成规则库。

防火规范全面定义了对不同类型功能建筑、同一建筑的不同功能空间以及不同消防设施配备下的防火设计要求。防火规范条款通常不是由一个句子，而是由前后相互关联的多个句子甚至多个段落构成，语言描述复杂。

为了理解复杂防火规范，需要对防火规范的语言进行拆解。防火规范条款的拆解是指将自然语言处理后的规范中包含多个设计规则的条文筛选出并人工进行预处理，使之成为仅含有一个设计规则的句子。每个规则描述为一个简单句、复合句或条件句（IF-THEN 结构)。得出每一条规范相对应的规则表达式，支持实体之间的二元关系、实体的数值关系和四则计算以及基于逻辑 AND 和逻辑 OR 的嵌套组合。

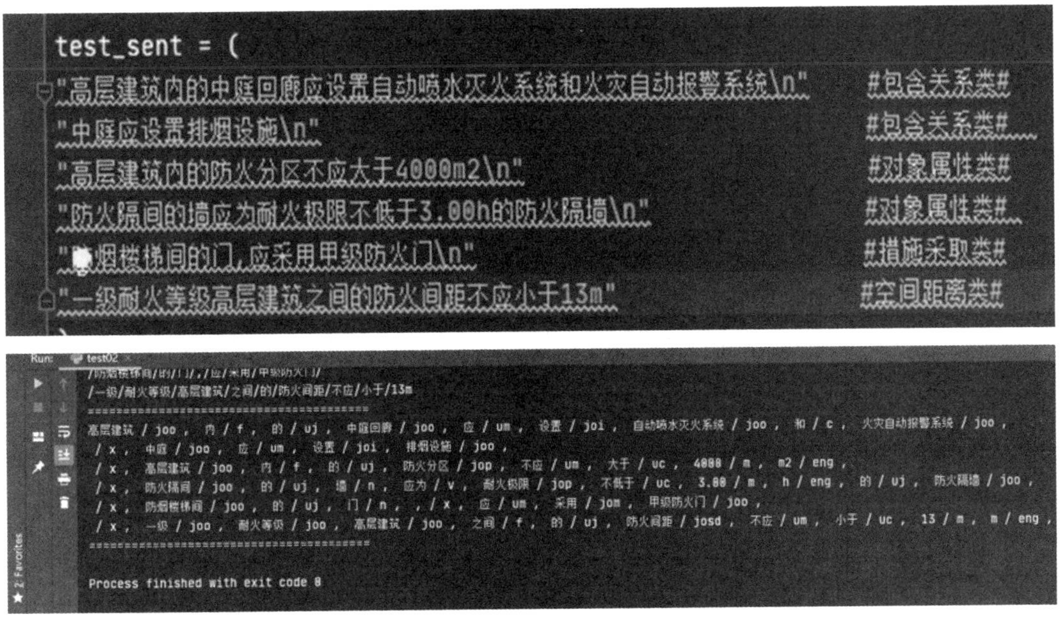

图 5-12　建筑设计规范文本分词和标注结果

　　随后提取条文中的常用共同对象和属性，基于条文构建规则库。规则库属性获取方式分为三类。对于简单规范条文，直接读取预定义属性和添加属性。

　　例：《建筑设计防火规范（2018 年版）》GB 50016—2014 第 5.1.2 条："民用建筑的耐火等级可分为一、二、三、四级。除本规范另有规定外，不同耐火等级建筑相应构件的燃烧性能和耐火极限不应低于表 5.1.2 的规定"。对其中的简单规范条文解析结果如图 5-13 所示。

| 条文 | 结构化 | 对象 | 属性 | 属性获取方式 |
|---|---|---|---|---|
| 5.1.2 | IF是否防火墙＝"是" AND耐火等级＝"一级"OR"二级" OR"三级"OR"四级" THEN耐火极限≥3hAND燃烧性能＝"不燃性" | 墙、项目信息 | 墙：是否防火墙、耐火极限、燃烧性能 项目信息：耐火等级 | 添加是否防火墙、耐火极限、燃烧性能属性给墙 添加耐火等级给项目信息 |

图 5-13　简单规范条文解析结果

　　对于一般规范条文，需要采用推理属性的方法。

　　例：对于《建筑设计防火规范（2018 年版）》GB 50016—2014 第 5.1.2 条的一般规范条文的解析结果如图 5-14 所示。

　　对于复杂规范条文，需要定义复杂算法，如进行空间几何计算，获取构件的复杂构件属性。

　　例：《建筑设计防火规范（2018 年版）》GB 50016—2014 第 5.5.17 条："直通疏散走道的房间疏散门至最近安全出口的直线距离不应大于表 5.5.17 的规定"。

　　由于 BIM 模型中没有"直线距离"这一属性值，需要设计算法来获得。如图 5-15 所示，为得到几个门之间的直线距离，需要设计相应的算法来计算几个门之间的距离。

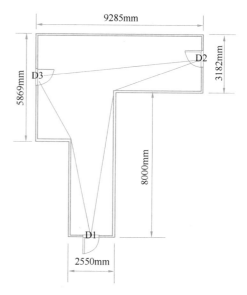

| 条文 | 结构化 | 对象 | 属性 | 属性获取方式 |
|---|---|---|---|---|
| 5.1.2 | IF是否非承重外墙＝"是"AND耐火等级＝"一级"THEN耐火极限≥1hAND燃烧性能＝"不燃性" | 墙、项目信息 | 墙：是否非承重外墙、耐火极限、燃烧性能 项目信息：耐火等级 | 推理是否非承重外墙 添加墙耐火极限、燃烧性能属性给墙 添加耐火等级给项目信息 |

图 5-14　一般规范条文解析结果　　　　　　图 5-15　疏散距离的几何计算图示

### 5.5.3　面向消防审查的 BIM 交付标准编制

从 BIM 源模型中直接提取和转换后的模型数据，通常并不能包含足够的规范检查所需的语义信息，需要从 BIM 中扩展信息属性定义。但由于提交的 BIM 模型的精细度不足，且不同建模工程师设计的 BIM 模型精细度参差不齐，无法满足智能审图要求，因此需要统一建模标准，建立 BIM 模型精细度标准，保证 BIM 模型中待审查建筑信息表达全面性的研究。

例：《建筑设计防火规范（2018 年版）》GB 50016—2014 条文 5.4.4 的语义信息扩展。针对条文 5.4.4 中的第 5 条规定"宜设置独立的安全出口和疏散楼梯"，计算机在安全出口和疏散楼梯属性中无法审查"独立"这个条件，所以需要设置并添加相关信息，比如：若安全出口为专用安全出口，在名称中添加"托儿所专用"或"幼儿园专用"等字样；若疏散楼梯为专用楼梯，在名称中添加"托儿所专用"或"幼儿园专用"等字样。

本实例按照标准制定格式，参考其他相关标准进行面向消防审查的 BIM 交付标准编制，共包含总则、术语、基本规定、模型交付要求、消防设计说明、建筑 BIM 模型导入、审查成果交付、附录等几个部分。

（1）总则：规定了本标准适用范围是针对建筑工程项目在 BIM 模型消防审查系统提交成果文件的交付标准。

（2）术语：列举解释了 BIM 模型消防审查部分重要术语。

（3）基本规定：规定信息交付的准确性和一致性以及交付模型的格式。

（4）模型交付要求：规定了交付模型文件的构件分类、几何信息、属性信息。

（5）消防设计说明：提出了建筑、结构、给水排水、电气、暖通各专业的消防设计内容。

（6）建筑 BIM 模型导入：规定了建筑模型数据。

（7）审查成果交付：规定了 BIM 模型审查系统生成的审查报告可以 PDF 格式的文件交付。

（8）附录：列举了建筑消防审查指标涉及的各类构件属性、建筑审查数据交付内容、建筑类枚举数据。

### 5.5.4　BIM 消防审查原型系统

BIM 消防审查原型系统基于 IF-THEN 规则与语义模型的概念映射、应用语义检索和几何计算融合的计算框架和高效模型检查算法给出 BIM 模型与规范符合与否的结论，完整流程如图 5-16 所示。

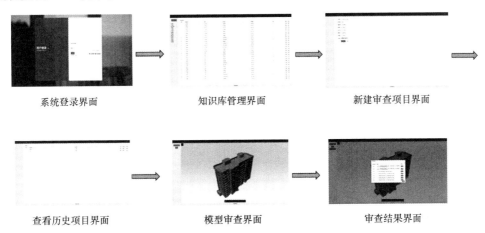

系统登录界面　　　　　　　　　知识库管理界面　　　　　　　　新建审查项目界面

查看历史项目界面　　　　　　　　模型审查界面　　　　　　　　审查结果界面

图 5-16　BIM 消防审查原型系统操作流程

## 本章小结

本章深入探讨了 BIM 在自动合规性审查领域的关键应用，涵盖了多个方面的知识和技术。首先，从自动合规性审查的基本概念入手，明确了审查的定义、目的和研究框架。同时，介绍了我国当前加速推动 BIM 技术应用和数字化审图的背景。基于研究框架，分别从规则解析与表达、模型信息的表达、规则判断与报告生成三个方面分析了自动合规性审查的研究重点。随后，详细讨论了建筑 BIM 模型信息的重要性，包括面向合规性审查的建筑模型构建以及 BIM 模型语义丰富的方法与应用。

另外，本章关注了建筑设计规范知识建模的过程，阐述了基于本体的建筑设计规范知识建模的研究内容。在建筑施工图审查规则库一节，详细探讨了如何选取、处理和判断建筑设计规范知识，以及通过 SPARQL 语言构建审查规则的方法。

最后，通过具体的合规性审查实例——基于 BIM 的消防自动审查，展示了合规性审查技术在实际项目中的应用。在实例中分别阐述了规范解析与表达、模型信息提取与增强、审查系统开发等关键步骤，提供了实践示例。

思考题

1. 简要阐述自动合规性审查的含义。
2. 自动合规性审查分为哪几个阶段？
3. 自动合规性审查对于建筑行业有什么意义？

数字化协同设计

知识图谱

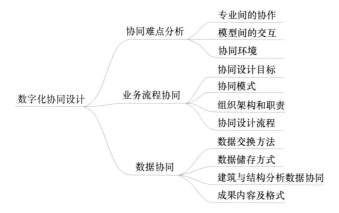

本章要点

知识点1. 数字化协同设计的基本概念和核心要素。

知识点2. 协同设计平台的选择与搭建。

知识点3. 数据共享与版本控制机制。

知识点4. 协同工作流程的规划与优化。

知识点5. 跨专业协同的实现方式。

学习目标

（1）理解数字化协同设计的基本概念：掌握数字化协同设计的定义、意义及其在工程设计领域的应用价值。

（2）熟悉协同设计平台与工具：了解市场上主流的协同设计平台及其特点，学习如何选择和搭建适合项目需求的协同设计环境。

（3）掌握数据共享与版本控制机制：学习如何在协同设计过程中实现数据的高效共享与安全管理，了解版本控制的重要性及其实施方法。

（4）规划协同工作流程：理解协同设计的关键流程节点，学习如何根据项目需求规划高效的协同工作流程。

（5）实现跨专业协同：探讨如何在数字化协同设计平台中整合建筑、结构、机电等多专业资源，实现跨专业的高效协同。

（6）分析应用案例与效益：通过学习实际项目中的数字化协同设计应用案例，理解其带来的效益与挑战，为未来的实践提供参考。

在建筑行业，随着建筑项目愈发复杂和建设工期要求的不断提高，很多设计工作不再是靠个人完成，而是由一个或者多个团队协作完成，协同工作的效率对设计成果的影响也越来越大。利用平面二维图纸进行各专业间协同设计的方式，已不能满足信息化进程不断发展的需要。自 2003 年 BIM 推广并引起普遍关注和讨论以来，BIM 技术已越来越多地运用到建筑项目的设计、施工、运维等各个环节，带来了建筑设计思维模式与技术应用的变革。其中，多专业协同设计是 BIM 技术革新的一个重要方面。

协同设计是实现信息储存、转换和共享的过程，不仅包括设计各个专业之间、项目上下游参与方之间的协同，还包括二维与三维设计之间的配合以及项目全生命周期的信息传递。BIM 技术的发展为目前的三维协同设计提供了全新运作轨迹，BIM 协同设计是一种新的设计表达范式，也是一种设计、交流、组织和管理的新方式。利用 BIM 的三维可视化技术和信息的交互共享特点，使建筑、结构和设备专业人员在统一数字化模型上进行协同设计。这种方式使得各个专业领域的设计人员能够更加紧密地协作，从而提高工作效率和设计质量。因此，基于 BIM 的协同设计标志着建筑行业向高效、整合和信息化的设计方法迈进，确立了数字化技术在现代建筑设计中的重要角色。

# 6.1　协同难点分析

## 6.1.1　专业间的协作

在当代建筑设计领域，一个显著且普遍存在的挑战是跨专业协同的困难。由于建筑工程的复杂性和多学科性质，一个项目往往需要建筑师、结构工程师、机电工程师等多个专业的人员共同参与。然而，在传统的工程设计模式下，这些专业团队常常各自为战，采用线性和孤立的工作方式。这种工作模式导致了信息隔离、设计变更的延迟传递和管理上的盲区，进而影响了项目的整体进度和质量。

在设计阶段，传统的二维平面设计方式一般为各专业使用特定的应用软件工具进行独立设计工作，如广泛采用 AutoCAD 软件进行平面图纸的绘制。这些工具虽然在专业内部提供了高效的设计手段，但它们在整合跨专业信息和协同工作方面存在局限性。最终，各专业的设计成果主要以二维平面图纸的形式展现，并通过定期或基于项目节点的信息交换方式进行协调。

在这种模式下，建筑、结构、给水排水、暖通及电气等不同专业的设计团队成员之间往往采用传统的沟通方式进行交流，如面对面会议、电话沟通和电子邮件交换。这种沟通机制在信息传递的及时性、连续性和一致性方面面临挑战，导致信息分散、项目数据管理困难以及变更管理的混乱。

为解决跨专业协作的困难，BIM 协同设计方法已逐渐成为行业的优先选择。BIM 协同设计是一种创新的工作模式，它允许项目组内的所有成员在同一个 BIM 平台下使用统一标准工作，实现信息的及时、准确和高效传递与共享。这种方法使得各专业能够并行工作，共同完成一个可交付的建筑项目。

与传统的建筑设计方法相比，BIM 协同设计在不同专业之间建立了有效的协作机制。它打破了传统工作模式中专业与部门之间的壁垒，促进了项目成员之间的协同合作。这种协作方式有效地保障了设计内容的一致性，并确保了信息交换的及时性和准确性。通过 BIM 协同设计，项目团队可以更快地发现设计中的矛盾和不合理之处，有效减少重复性工作，降低成本，同时提高设计工作的效率和质量。

尽管 BIM 协同设计被认为在建筑业内具有广泛的应用前景，但其在实际应用和推广上仍面临一系列挑战。目前，BIM 技术的应用主要集中在方案展示、非线性建筑设计建模和工程图纸表达等方面，仅有少数大型或复杂的项目实际应用了 BIM 协同设计。大多数设计项目仍然依赖于传统的建筑设计方法。BIM 协同设计不仅需要技术层面的进步，还需要在组织结构、工作流程和行业标准等方面进行综合性的改革和提升。尽管存在这些挑战，但 BIM 协同设计的潜力和优势使其成为未来建筑设计领域发展的重要方向。

## 6.1.2 模型间的交互

在 BIM 协同设计环境下，各专业团队共同在一个统一的模型中进行设计，这大大促进了即时交流的可能性，并且使得承包方和施工方能够在模型设计阶段参与。这种协作方式有助于避免因缺乏沟通而产生的设计变更，从而提高设计效率并降低工程成本。但在实际应用过程中，确实存在一系列难点。这些难点不仅影响了设计的效率和质量，而且对整个项目的成功执行提出了挑战。

**1. 专业模型元素的复杂性与统一性**

在 BIM 模型中，专业模型元素涵盖建筑、结构、给水排水、暖通、电气、消防、建筑控制和施工管理等多个专业领域。每个领域的模型元素都有其特有的属性和信息。这些元素不仅需要在各自专业内准确表达，而且还需在整个 BIM 模型中保持一致性。管理这些复杂的模型元素是一个挑战，尤其是在确保不同专业间的模型元素能够有效协调和集成的同时，还需保持各自的专业特性和准确性。

**2. 数据格式的兼容性问题**

在 BIM 协同设计环境中，将来自不同专业的模型集成到一个统一的模型中是一项重大挑战。这要求各个专业团队不仅要保持自己模型的专业精确性，还要确保其能够与其他专业的模型无缝集成。由于不同专业可能使用不同的软件工具进行设计，这些工具生成的模型数据格式可能无法直接兼容。例如，建筑设计使用的软件与结构工程或机电工程使用的软件产生的数据格式可能无法直接集成。数据格式的不兼容会导致信息无法顺畅流动，从而影响项目的整体协调和执行效率。这种情况下，设计团队需要花费额外的时间和资源来转换数据格式，以确保不同软件之间的有效沟通。

为了确保模型数据在不同专业间顺畅交换，需要标准化数据交换格式并建立清晰的交换流程。这包括定义数据传输的方法、确定数据交换的时间点和参与方等。数据交换的标准化和流程化有助于确保数据传输的准确性和及时性，减少因数据传输错误或延迟而导致的设计问题。

**3. 模型的可维护性与扩展性**

随着设计阶段进展，模型不断被更新、修改。因此，在一个跨专业协作的环境中，保持模型的可维护性和对未来需求的扩展性是一项挑战。保持模型的可维护性意味着能够及时应对设计变更和项目发展，而模型的扩展性则是指能够适应项目不断变化的需求。这要求模型不仅在当前阶段满足需求，而且要有足够的灵活性以适应将来的变化。

解决这些难点对于实现有效的 BIM 协同设计至关重要。这不仅要求各专业团队之间的紧密合作，还需要深入理解和应用 BIM 技术和相关标准。通过这些努力，可以克服协同设计中的难点，提高设计的效率和质量，确保项目的成功执行。

### 6.1.3 协同环境

在 BIM 协同设计中，除了专业间和模型交互的难点之外，还存在协同环境的难点，这些难点影响协同工作的整体效率和成果质量。以下是一些具体的协同环境难点：

**1. 有效的团队沟通和协作**

在协同工作环境中，不同专业和背景的团队成员需要有效地沟通和协作。确保信息的准确传递、理解和实施对于避免误解和冲突至关重要。协同环境中的挑战包括建立有效的沟通渠道、确保所有团队成员都能够及时获得关键信息，并协调各方以共同解决问题。

**2. 统一的工作流程和标准**

在多学科的 BIM 环境中，创建和维护统一的工作流程和标准是一项挑战。这包括确保所有参与方遵循相同的操作规程、数据管理标准和设计审查流程。缺乏统一标准可能导致工作效率下降、重复工作和错误增加，影响项目进度和质量。

**3. 技术平台和工具的整合**

协同环境依赖于技术平台和工具，以支持团队间的合作。选择合适的软件工具，确保这些工具的兼容性和可靠性，是成功协同工作的关键。技术挑战包括集成不同专业的软件工具、提供足够的计算资源和确保数据的安全性。

**4. 变更管理和决策制定**

在协同环境中，有效地管理变更和快速做出决策是至关重要的。这要求建立一个透明的变更管理流程，使所有团队成员都能及时了解变更，并快速响应。

**5. 团队成员的培训和能力提升**

在 BIM 协同环境中，团队成员需要具备相关的技术知识和软件操作技能。提供足够的培训和支持，帮助团队成员掌握必要的技术和工具，是确保协同效率的关键。

## 6.2 业务流程协同

### 6.2.1 协同设计目标

协同设计的目标是通过有效的信息储存、转换和共享过程，提升建筑项目的设计效率、质量。而业务流程协同是实现协同设计目标的关键，其核心在于实现不同参与方之间的无缝连接和有效沟通，确保项目在设计阶段的每一步都紧密协作，共享信息。这不仅增强了项目团队内部的协作效率，也提升了整个项目管理的质量和成效。

### 6.2.2 协同模式

BIM 技术下的协同设计一般可分为专业内与专业间两种协同模式，通常采用工作集方式或文件链接方式。

**1. 工作集方式**

该方式采用实时的设计协作模式，基于共享工作原则。它通过划分工作集来组织中心文件。在这种模式下，团队成员在各自的本地终端上并行地工作在服务器中相同的 BIM 模型下，并实时将他们的设计同步更新到服务器上的中央文件。这允许成员之间进行即时的信息交流和数据共享。该方式适用于多用户同时在不同的专业领域或区域内创建模型，也适用于多用户同时编辑一个模型。但在处理大型工程时，可能会遇到中心文件处理速度慢和稳定性不足的问题，并且对于硬件资源的需求也比较高，还需要复杂的权限管理系统。

**2. 文件链接方式**

这种方式开始于项目设计的早期阶段，各专业使用统一的项目模板文件、轴网和标高系统来创建自己的 BIM 模型文件。之后，这些模型文件被链接并组装在同一个场地模型或主体项目模型上，形成一个整体模型。这种方式简单且易于操作，允许根据需求随时加载模型文件，且响应速度快，对软硬件的需求相对较低。不过，这种方法的数据更加分散，链接后的 BIM 模型无法进行编辑，仅用于空间定位参考和视觉展示，因此在同步协作和时效性方面表现不佳。这种方式更适合于不同专业间的协同设计。

在实施 BIM 建筑项目中，选择合适的设计协作方式是一个关键决策，这取决于多种因素，如项目的大小、性质、复杂度以及团队构成和可用的技术资源。对于大型和复杂的建筑项目，单一的协作模式可能不足以应对设计过程中的挑战。建筑设计本质上是一个跨专业的工作。因此，在建筑领域不断发展和面临新挑战的背景下，结合工作集和文件链接两种模式的协同工作变得尤为重要。通过这种融合，可以创建一个全面的数据管理环境，称为通用数据环境（Common Data Environment，CDE），以确保建筑信息的及时更新、完整性和精确性。这种综合协作方法有助于更有效地管理复杂的设计任务，确保跨专业团队的无缝合作。

### 6.2.3 组织架构和职责

各专业团队间的配合是 BIM 协同设计成功的关键要素之一。因此，对于协同团队应建立相关组织架构和职责，确保专业团队各尽其职，并实现高效协同。

BIM 应用过程中各参与方之间的协调工作应由 BIM 总协调人负责，各参与方宜设立协调人，与 BIM 总协调人进行对接，协同团队组织架构如图 6-1 所示。

BIM 总负责（协调）人的职责包括：

（1）项目实施计划的参与和监督：BIM 总协调人在设计阶段的

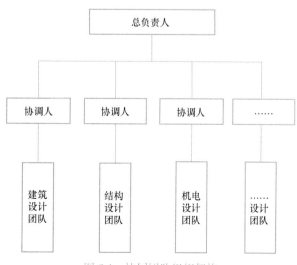

图 6-1　协同团队组织架构

BIM 实施计划制订中扮演关键角色，并对其执行进行监督，确保计划的有效实施。

（2）跨专业沟通机制的建立：负责构建和维护一个全面的沟通框架，促进项目参与各方间的信息流通和互动。

（3）协同活动的组织与协调：主导设计阶段的协同活动，包括跨专业的模型审查和协调会议。

（4）项目进度和模型质量的监控：监测项目实施的各个环节，包括工作进度、模型的质量标准以及各方对模型的具体需求。

（5）设计 BIM 模型的整合与冲突解决：负责审查、整合各专业的 BIM 模型，处理潜在的数据冲突，并确保模型整合的成果被有效地发布。

（6）BIM 模型会审的组织与执行：定期召开模型会审会议，确保各方意见的有效沟通和模型调整方案的实施。

（7）设计阶段 BIM 成果的汇总与提交：在设计阶段结束时，对所有 BIM 成果进行汇总，并确保其准确性和完整性后提交至协同平台。

各专业 BIM 协调人的职责包括：

（1）专业模型流程的制定与执行：依据项目任务需求，制定专业内的模型创建流程、坐标系和度量单位，确保流程的一致性和模型管理的规范性。

（2）专业间协调与信息传递：与 BIM 总协调人进行定期沟通，确保专业间的信息准确传递和协调一致。

（3）模型审查与调整：积极参与模型审查会议，并根据反馈对专业内的模型进行必要的调整。

各设计团队的职责包括：

（1）BIM 模型的创建与维护：负责本专业范畴内的 BIM 模型创建和维护工作，确保模型的准确性和符合专业标准。

（2）模型成果的提交与更新：按时将模型成果上传至协同平台，并依据反馈及时更新。

（3）质量控制与内部审核：执行内部质量控制程序，确保模型的质量满足项目标准。

责任分配确保了设计阶段的 BIM 协同工作在一个结构化和规范化的环境中高效进行，同时促进了设计质量的提升和项目目标的顺利实现。

### 6.2.4 协同设计流程

BIM 技术的核心是建筑信息的共享与转换，而协同设计水平的关键在于建筑数据共享度和工作协调度的高低。BIM 协同设计的实现离不开科学的设计工作流程。本节针对协同设计中信息交换及时性、完整性及准确性等问题，以实现专业内及专业间设计信息的高效共享为导向，构建一体化协同设计方法与流程，如图 6-2 所示。

前期准备阶段：这一阶段作为整个设计流程的基础，首先需要对项目进行详尽的定位和评审。在通过审批之后，关键任务分为两大类：一是建立 BIM 模型的质量交付标准及确定建模精度；二是构建 BIM 模型平台，这包括统一各专业的模板文件、轴网和标高系统，及建立各专业 BIM 模型文件与链接组装。在特定专业的 BIM 模型中，需建立中心文件夹，按需分配工作集，并设置相应权限。一般而言，这些流程根据建筑、结构和机电三

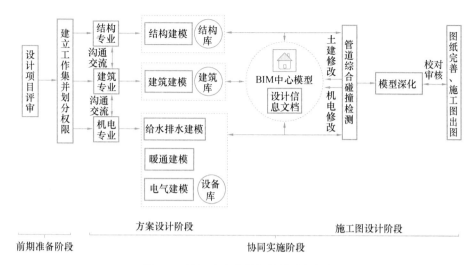

图 6-2　BIM 多专业协同设计流程框架

大专业进行划分，构建 BIM 平台、中心文件以及地方文件的链接。在此阶段，所有设计人员必须遵循严格的 BIM 设计流程，以保障共同设计建模及其后续流程的顺利进行。

协同实施阶段包括方案设计阶段和施工图设计阶段，是整个 BIM 多专业协同设计流程的核心部分。

方案设计阶段：主要由建筑专业设计人员领导，基于业主需求进行建筑方案的设计。此阶段的重点是建筑专业内部的协同设计，同时结构、机电等其他专业设计人员也会即时参与，形成专业间的协同设计。在此环节中，结构和机电设计师基于建筑设计师创建的 BIM 模型，根据各自专业需求进行设计，共同完成各专业 BIM 模型的构建，从而实现初步协同过程。协同方式以工作集为主，辅以文件链接方式。

施工图设计阶段：主要工作是多专业协同设计，其核心任务是处理各专业间的碰撞、冲突等问题，不断修改完善各专业设计。此时，将建筑 BIM 模型与相应的结构、设备 BIM 模型组合，形成一个全面的中心 BIM 模型，在 BIM 协同设计平台上进行碰撞检测和优化，生成 BIM 施工模型及二维施工图纸，指导后续的生产和施工过程。此阶段协同方式以文件链接为主，同时涵盖地方文件信息微调的工作集方式。

通过结合工作集和文件链接的优势，实现了这两种方法的互补。通常，专业内的协同设计更多采用工作集方式，而专业间的协同设计则倾向于使用文件链接方式。在某些情况下，这两种方式也会同时使用。整个协同设计流程以 BIM 模型为核心，确保设计阶段的每个环节都进行有效的双向信息协同。设计人员在统一的平台、标准和环境下工作，实时共享数据和信息，在工作集平台上进行交流和沟通，共同完成设计任务。实现了专业内外的并行设计，缩短了设计周期，提高了团队设计的无缝对接程度，优化了项目整体的设计效率和质量。

BIM 协同设计是一种点与中心的信息交流模式，各参与方之间的信息交流具有唯一性与连续性，来自不同方面的数据需要被整合在一个平台上，即协同设计平台。协同设计平台是一种以统一数据库为核心，提供统一数字化模型表达方式的协作工具，旨在通过解决多软件数据孤岛难题，实现数据驱动的数字化设计，促进多专业团队间的高效并行工作和资源的规范化交互共享、重复利用，确保从设计到施工各阶段的无缝衔接和协同管理。

为了确保各参与方在设计过程中能够高效协作，协同设计平台集成了多项基础功能模块，以支持核心的协同工作和项目管理需求。

用户管理功能：用户管理模块包括用户注册与登录功能，确保只有授权用户可以访问平台，从而保障平台的安全性。同时，通过角色权限管理，根据不同用户的职责分配相应的操作权限，确保信息安全和责任明确。

项目管理功能：如图 6-3 所示，平台允许管理员创建新项目，并设置项目的基本信息，如名称、描述、参与人员等。此外，该模块还支持任务分配与跟踪，为项目中的各项任务指派责任人，并跟踪任务的完成情况，确保项目按计划推进。

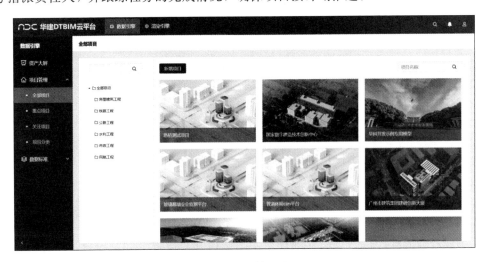

图 6-3　项目管理界面

文件管理功能：平台提供安全、可靠的数据存储和管理功能，支持各类项目文件的上传、下载、共享和版本控制。允许多个用户同时查看和编辑文件，同时确保项目相关的文档和资料的一致性和完整性。

模型编辑功能：如图 6-4 所示，允许用户查看和编辑 BIM 模型，支持多种视图和详

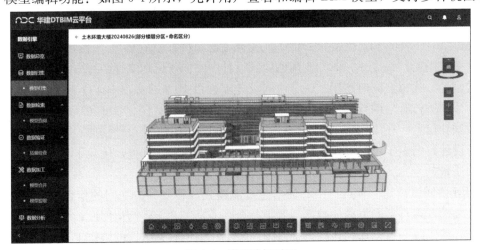

图 6-4　模型编辑界面

图，以便于不同专业团队成员根据需要进行交互和修改。提供实时的模型更新和同步功能，确保所有团队成员都能访问最新版本的模型。

质量检查功能：如图 6-5 所示，模型质量检查功能是确保设计成果符合建模标准和客户要求的关键环节。通过自动化合规性检查工具，平台可以帮助团队高效地进行合规性验证，减少人为错误，提高设计质量。

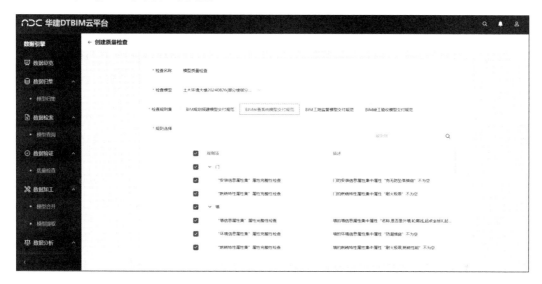

图 6-5 质量检查界面

模型分析功能：如图 6-6 所示，平台集成了模型分析模块，包括性能分析、结构分析、差异比对等。模型分析功能可以帮助团队高效地识别和解决设计中的问题，提高设计的准确性和可靠性。

图 6-6 模型分析界面

协作沟通功能：集成即时通信、讨论论坛和视频会议等沟通工具，以支持团队成员之间的实时交流和协作。提供任务分配、进度跟踪和反馈机制，帮助团队成员协调工作并跟踪项目进展。

进度管理模块：包含总体进度管理、总体进度变更、专业进度管理、专业进度变更等，管理、监控、督促各个阶段的 BIM 设计成果按时保质提交。

审核和归档功能：平台支持多级审核流程，可以根据项目需求设置审核节点和审核人，同时提供审核状态的实时跟踪功能，提高设计质量和效率。在设计成果通过审核后，平台可以自动生成出图文件和归档资料，确保所有历史版本和重要文档的留存。

除基础功能模块外，协同设计平台还具有一系列可扩展功能，例如模型数据轻量化、基于云技术的数据计算、大数据分析、移动端互联等功能。这些功能进一步提升了平台的灵活性和功能性，满足了更多样化和复杂的设计需求。

在 BIM 设计当中，所有设计师都要遵循 BIM 设计规范，统一进行参数化建模与表达，各个专业都可以在 BIM 模型中获得自己需要的信息，完成各专业相互间的协同设计，实现多专业共享信息、共享数据。

协同设计平台需要满足《建筑信息模型应用统一标准》GB/T 51212—2016 中规定的数据格式、模型管理方法和信息交换协议。应保证平台能够有效支持 BIM 数据的集中管理、存储和检索，同时符合数据共享、安全性和互操作性的要求。

同时，需要满足《建筑信息模型设计交付标准》GB/T 51301—2018 的规定，具备高效处理和管理设计阶段 BIM 交付物的功能，如支持设计模型的版本控制、质量审核和数据交换。促进设计阶段的各种 BIM 应用，如模型的可视化、碰撞检测和设计优化。

在遵循这两个国家标准的基础上，协同平台应提供一个全面的解决方案，以支持 BIM 设计阶段的需求。这包括但不限于跨专业团队的协作、数据共享、模型管理、质量控制和项目沟通等方面。通过遵守这些标准，协同平台将有助于提高项目的效率、质量和可持续性。

## 6.3  数据协同

在工程设计领域，数据协同表现在建筑、结构、机电各个专业设计工作正在从传统的设计方式向数字设计转化。数字设计和智能设计推动了数据协同。目前，基于 BIM 的协同设计大多是基于设计文件和 3D 模型的协同，并没有实现数据级的协同，难以在多软件、多平台之间实现数据交互和协同设计，导致数据交互困难、协同效率低等。

在实际应用场景中，尤其是在使用不同软件进行数据建模时，由于各软件在建模的边界条件与假设上存在显著差异，导致最终计算结果出现较大偏差。特别是在建筑设计行业，当不同软件的计算结果被联合用于分析同一建筑时，这些偏差会显著影响结果的准确性和可靠性。这一观点强调了在建筑设计过程中，确保基础数据准确性的重要性以及所面临的挑战。

近年来，工程领域的软件迅速增多，有效解决了众多工程实践中的问题。然而，软件间数据交换的困难仍是一个显著的难题。尤其是在建模软件与结构分析软件、建模软件与模拟分析软件之间的数据交换过程中，经常出现重复建模等问题。一些方案创作软件虽然能够打开建模软件，但打开后常常面临数据丢失的问题，而那些能够导入建模数据的软件又常常出现数据不可编辑或丢失的问题。这些问题限制了软件在实际应用中的流畅性。因此，提升数据交换的能力是推动数据协同工作的一个重要研究领域。

### 6.3.1 数据交换方法

目前实现数据交换的方法主要有两种，一种是基于软件的接口，分别建立不同软件之间的数据交换；另一种是实现相关软件与第三方软件的数据交换。伴随着各类软件不断升级，第一种方式对于开发者而言压力比较大，需要紧跟软件升级的变化不断做出改变。因此，建立一个软件数据交换平台是更体系化的选择。

目前的主流方法是通过协同设计平台解析模型，基于 IFC 标准实现数据提取，便于数据在多软件之间交互和流通，形成基于数据驱动的多专业正向协同设计方法。为确保数据交换的准确性并实现高效的 BIM 协同设计，该方法被细分为四个关键步骤，具体如下：

（1）模型解析与重构阶段：此阶段涉及多个专业团队使用本地化的 3D 设计软件进行建模。完成的模型通过工业基础类文件格式（IFC）同步至协同设计平台。平台对这些模型进行深入解析，识别并分解构件，生成详尽的项目结构树。此外，通过解析构件属性，平台能够以结构化树状形式展现各类属性参数。在此设计阶段，重点放在几何信息和设计属性的表达上。

（2）数据提取与构件设计阶段：在此阶段，特定专业团队在设计特定构件时，需引用其他专业构件的设计参数。通过协同设计平台，团队访问并审视所需专业的模型，从模型结构树中提取所需构件信息。在平台审核通过后，所需构件的模型和设计参数以 IFC 文件和数据表格形式导出，其中 IFC 文件展现了构件的三维形态，而数据表格则保存了设计参数。

（3）协同构件参数调整阶段：当某专业团队完成设计并将模型同步至协同平台后，平台会通知所参考构件的原始设计专业团队，并提供新的构件设计参数。这确保原始设计专业可以基于交互构件的设计参数，评估并确定其构件设计参数是否需调整。如有必要，将对构件参数进行重新设计，并将更新后的模型及参数同步到平台。

（4）设计参数确认与协同设计完成阶段：在最终阶段，各专业团队遵循第三阶段的方法，反复确认构件的设计参数。一旦确认设计参数不再需进一步修改，便标志着正向协同设计的完成。此方法的实施结果是建立起各专业团队之间的 3D 设计模型，从而促进了跨专业间的协作和数据整合。

### 6.3.2 数据储存方式

数据存储方式在设计协同平台中发挥着重要的作用，主流数据存储方式分为文件存储与关系型数据库存储。

文件存储是一种传统且广泛采用的方法，主要通过文件服务器实现。它允许各种类型的文件，如建筑模型、图纸和文档被存储在一个共享的位置，便于设计团队成员访问和共享。文件服务器的显著优点是直观性和易于访问性，使团队成员能够轻松地共享和更新关键文件。此外，文件服务器还支持权限管理，管理员可以根据不同用户的角色和需求设置访问权限，从而确保数据安全和项目保密性。

关系型数据库存储提供了一种更为动态和灵活的方法来管理和处理数据。在设计协同平台中，这种方法涉及将所有参数化数据存储在不同分类的"表"中。关系型数据库的主要优势在于其高效的数据处理能力，它允许通过预编写的程序对数据进行增删、修改、排序和统计等操作，这对于需要频繁更新和查询的数据至关重要。此外，关系型数据库的复杂数据关联和查询功能对于维护大量设计参数的一致性和准确性非常重要。

在设计协同平台中，结合使用文件存储和关系型数据库存储可以提供全面而有效的数据管理解决方案。文件存储适合直观地共享文档和图纸，而关系型数据库更适用于数据驱动的分析和自动化处理。通过这种组合，设计团队可以在共享和协作图纸的同时，有效管理和分析数据。这种结合方式不仅提高了工作效率和数据安全性，还确保了数据的一致性和准确性。

### 6.3.3 建筑与结构分析数据协同

为了实现基于 BIM 的协同设计，建筑设计软件与分析软件之间的数据交换是必须的工作。目前分析软件大致包括结构分析软件 STAAD PRO、SAP2000、ETABS、MIDAS、PKPM、3D3S、YJK 和能源分析软件 ENERGY PLUS、DEST-2、IES、ECOTECT、Daysim——Radiance、SoundPLAN、Green Building Studio（GBS）等。

国内外关于从建筑信息模型中提取信息到工程设计和分析工具中的研究主要包括两类，第一类研究重点是在整个项目中不同学科之间的信息交换和信息流动过程；第二类研究重点是开发平台、插件等各种类型的软件工具来支持数据交换的过程。建筑设计与结构分析之间的数据交换是设计流程中最重要的过程。

针对结构设计阶段信息断层的问题，市面上各大软件厂商也纷纷推出了自己开发的软件转换工具。国外的 CSI 公司推出了基于 Revit Structure 模块的 CSIX Revit，该软件用于将 Revit 结构模型转换到旗下的结构分析软件 ETABS 和 SAP2000 进行结构分析验证。国内的 PKPM、YJK 和广厦等公司也开发出了与 Revit 对接的模型转换接口，为 BIM 模型转换提供了解决方案。这些接口工具在理论上可以实现模型在 BIM 核心建模软件与结构分析软件之间的双向链接。

对模型数据转换所采用的方法而言，当前的研究主要集中在通过 IFC 文件与其他结构分析软件进行数据传递，而采用 Revit API 进行模型数据转换的研究相对较少。尽管通过 IFC 文件进行模型数据转换具有更强的通用性，但是现阶段通过 IFC 标准进行模型数据转换存在数据冗杂，直接进行数据转换存在信息丢失或匹配错误等问题。市面上的主流有限元结构分析软件，如 ABAQUS、ANSYS 等通用有限元结构分析软件缺乏 IFC 接口，无法通过 IFC 文件进行模型的导入与导出。对与 Revit 建立转换接口的结构软件类型而言，当前的研究主要集中在如结构配筋计算软件 PKPM、YJK，有限元分析软件 ETABS、SAP2000、3D3S 和 ANSYS 等，对于与 ABAQUS 之间的模型转换接口的研究较少。对模型转换的信息而言，当前模型转换接口所交换的数据集中在结构的几何信息以及材质信息，而对于将 Revit 结构模型中包含的边界条件以及荷载信息转换到结构分析软件中的研究较少，所传递的结构模型信息并不完整。

### 6.3.4　成果内容及格式

**1. 模型、模型说明文件**

BIM 应用过程中应规定模型成果的所有权和使用权。交付协同过程中，应根据设计阶段要求或应用需求选取模型交付深度和交付物，交付物应包括建筑信息模型，宜包括属性信息表、工程图纸、项目需求书、建筑指标表和模型工程量清单。每个专业模型都应建立一份模型说明文件，包含模型内容及发布目的，并将模型内容的更新及时反馈到模型说明文件中。模型数据的成果格式应以简单、快捷、实用为原则。为便于多个软件间的数据交换与交付，多采用 IFC 等开放的数据交换格式。相关文件采用文档格式进行输出和保存。

**2. 进度记录**

提交设计阶段的具体时间安排表，包括初步设计、方案设计、施工图设计等各阶段的时间表，以及跟踪设计更改、审批流程和重要决策的时间节点表，记录关键提交物和设计审核的时间节点表。一般采用电子表格或专业项目管理软件生成的时间线图。

**3. 沟通、变更记录**

设计团队会议要点文档，包括设计讨论、技术挑战和解决方案。变更记录文档，包括变更原因、影响和实施细节。一般采用文档格式。

**4. 检测分析报告**

检测分析报告包括建筑性能分析报告，如光照分析、能耗模拟、结构安全评估及其建议措施和潜在影响。通常采用 PDF 格式，一般包含详细图表、计算数据和可视化内容，清晰展示分析结果。

## 本章小结

本章深入探究了协同设计的多个维度，包括其存在的难点、业务协同的实施以及数据协同的方法。这些探讨对于理解协同设计的复杂性和多元性具有重要价值，并为实践中更加高效和顺畅地开展协同设计提供了理论支持和实践指南。

首先，对协同设计所面临的三大难题（跨专业交互、模型间交互、协同环境构建）进行了详细分析。跨专业交互是协同设计的基础，它涉及不同专业领域人员之间的沟通与协作，决定了设计的多元性和复杂性。模型间交互则聚焦于不同设计模型间的相互作用对设计准确性和效率的影响。在协同环境的建设方面，论述了实现跨领域协同的有效沟通、统一标准和变更管理的关键挑战。

其次，对业务协同的相关领域进行了深入研究。从协同设计的目标出发，评估了其在实现协同设计中的重要性。探讨了多种协同设计模式，包括专业间和专业内，分析了这些模式的特点及其适用场景。同时，考察了协同团队的组织架构和职责分配，探讨了建立高效团队结构的策略及职责合理化，以促进协同设计的顺利进行。此外，本节还深入探讨了协同设计流程的优化，协同设计平台的功能模块、应用标准以及案例分析。

最后，对数据协同的策略和方法进行了考察。分析了主流数据交换方式和数据存储格式，探讨了建模与结构分析软件间的数据协同研究现状和不足，强调了数据交换在设计过程中的重要性。同时，对成果内容及格式的要求进行了深入探讨，以确保协同设计的高质量输出。

综上所述，协同设计是一种复杂而多元的设计模式，它涉及多个层面的交互和协同，需要综合考虑专业、模型、环境、业务、数据等多个方面的因素。通过对协同设计的多个维度进行深入探讨和分析，为推进数字化环境下的协同能力发展提供了一定的支持。

## 思考题

1. 协同设计的难点主要包括哪几个方面？
2. 协同团队的组织架构及各自的职责是什么？
3. 协同设计平台有哪些功能模块？
4. 为什么要研究数据交换？数据交换的常见方法有哪些？
5. 协同设计的成果内容包括哪些？

**建造对接**

知识图谱

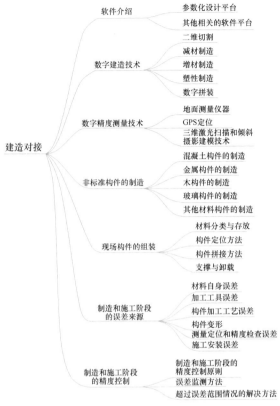

软件介绍
- 参数化设计平台
- 其他相关的软件平台

数字建造技术
- 二维切割
- 减材制造
- 增材制造
- 塑性制造
- 数字拼装

数字精度测量技术
- 地面测量仪器
- GPS定位
- 三维激光扫描和倾斜摄影建模技术

建造对接

非标准构件的制造
- 混凝土构件的制造
- 金属构件的制造
- 木构件的制造
- 玻璃构件的制造
- 其他材料构件的制造

现场构件的组装
- 材料分类与存放
- 构件定位方法
- 构件拼接方法
- 支撑与卸载

制造和施工阶段的误差来源
- 材料自身误差
- 加工工具误差
- 构件加工工艺误差
- 构件变形
- 测量定位和精度检查误差
- 施工安装误差

制造和施工阶段的精度控制
- 制造和施工阶段的精度控制原则
- 误差监测方法
- 超过误差范围情况的解决方法

**本章要点**

知识点1. BIM技术在施工模拟、进度管理、资源调度中的应用。

知识点2. 数字化施工计划的制订。

知识点3. 预制构件的数字化管理。

知识点4. 建造过程的质量控制方法。

知识点5. 建造对接中的技术挑战与解决方案。

知识点6. 数字化技术在建筑业转型升级中的重要作用。

**学习目标**

（1）理解建造对接的重要性：认识到数字化设计与实际建造过程对接对于提高建造效率和质量的重要性。

（2）掌握BIM技术在建造过程中的应用：了解BIM在施工模拟、进度管理、资源调度等方面的具体应用及其优势。

（3）学习数字化施工计划的制订：掌握如何运用数字化手段制订详细、可行的施工计划，确保施工过程的有序进行。

（4）了解预制构件的数字化管理：学习如何通过数字化手段对预制构件进行设计、生产、运输和安装的全过程管理。

（5）掌握建造过程的质量控制方法：了解如何利用数字化技术进行建造过程的质量监控和问题追踪。

（6）分析建造对接中的技术挑战与解决方案：探讨数字化建造过程中可能遇到的技术难题，并学习相应的解决策略。

# 7.1 软件介绍

## 7.1.1 参数化设计平台

参数化建模是参数化设计的实现手段，包括参数转译、建立约束和建立关联三个核心步骤。通过参数转译将影响设计的因素转译为计算机可读的数据或图形；通过建立约束建立起模型中几何体之间的关系；通过建立关联将数据与几何体之间建立起关系。如今很多人只是片面地将参数化设计当作一种通过编程生成曲面复杂形态的方法，但其实参数化设计的核心应用是通过建立约束、关联，调节不同的参数时，参数化模型中的各个构件会联动进行变化，从而实现设计优化和多方案比选。

参数化建模是在参数化软件平台上完成的。参数化软件最初主要是应用于工业制造领域，比如零件设计、汽车飞机外壳、发动机等的设计。工业设计常用的参数化软件包括SolidWorks、Pro-E、UG、CATIA 等，这些软件都可以建立约束和关联，并拥有内嵌的计算机语言工具进行编程和二次开发。1991 年盖里第一次将航空设计领域的 CATIA 应用于巴塞罗那金属鱼雕塑的设计中，之后不断有原本应用于其他领域的设计软件被先锋建筑师应用到建筑设计中。比如用于工业产品设计的 Rhino，应用于电影动画制作的 Maya，如今都成为非线性建筑设计中常用的参数化设计软件。建筑设计的复杂程度比起飞机、汽车设计要低一些，所以如 Pro-E、UG 等功能非常齐全、占用资源比较大、技术门槛比较高的工业设计软件，一般在建筑设计中不会使用。电影动画设计常用的 Maya，在建筑设计中会使用它操作方便的曲面造型功能和逼真的动画渲染功能，在动画电影中常用的骨骼、皮肤、毛发等功能则不常使用。

如今在建筑设计中，比较常用的参数化设计软件主要有 Grasshopper 配合 Rhino、Generative Components 配合 Microstation、Processing、Autodesk Maya、Autodesk 3Dmax 等，以及 BIM 软件 Digital Project、Bentley Building、Autodesk Revit、ArchiCAD 等。

目前在全世界范围内，很多建筑设计公司都采用 Grasshopper 配合 Rhino 进行非线性建筑的设计。Rhino 基本的建模功能并不是参数化方法，但配备了在 Rhino 平台下运行的可视化编程插件 Grasshopper 后，就拥有了参数化设计的功能。相比于 Rhino 自带的二次开发语言平台 RhinoScript，Grasshopper 不需要很强的编程能力，就可以通过连接内嵌算法的电池、调节数据滑块等简单的流程生成想要的形体，非常适合建筑师使用。不管是方案设计阶段的找形和模拟，还是初步设计阶段的造型优化细分，到生成可供数控机床加工的建筑构件文件并输出构件清单，都可以利用 Grasshopper 配合 Rhino 实现。这种方法将CAD/CAE/CAM 设计、分析、加工三者串联在一起，是实现建筑设计建造数字化的核心步骤之一。

另外有一部分设计机构，如英国的福斯特事务所使用 Microstation 进行设计。同Rhino 一样，Microstation 本身只是一个三维建模和二维绘图软件，但配备了在其平台上运行的可视化编程插件 Generative Components 后可以进行参数化设计。Generative Components 的操作也是通过连接内嵌算法的电池进行编程，操作简便，能快速生成形体。

Processing 是集算法、艺术、设计于一体的计算机语言，同时因为其开源性，Processing 的官网上有来自全世界的设计师分享自己的程序，其他人可以下载后再进行修改，相比于其他计算机语言更易被建筑师使用和共享。在建筑设计中主要通过编程进行一些抽象过程，例如墨水溶于水、鸟群动态等的形态模拟，生成优美的形态，再抽取其中的关键特征作为建筑的雏形。

Maya 和 3Dmax 都集三维建模和动画制作功能于一身，各自都有基于自己软件平台的计算机语言进行编程和软件的二次开发，如 Maya 有 Mel 语言和 Python 语言，3Dmax 有 MaxScript。在非线性建筑设计中主要是在方案设计阶段应用各自强大的多边形建模 (Polygon Modeling) 功能，通过对曲面控制点、线、面进行平移、旋转、放缩等操作，像艺术家制作雕塑一样在计算机中进行建筑找形，之后再导入 Rhino、Digital Project 等软件中进行精确建模，然后可以选择在 Maya 或 3Dmax 中进行效果图渲染。表 4-1 总结了常用的参数化建筑设计软件。

### 7.1.2　其他相关的软件平台

除了以上设计和性能模拟类软件外，在非线性建筑设计过程中还常用到 BIM 云平台、施工仿真及管理类软件、造价估算软件等。

一般大型非线性建筑的模型量通常比较大，特别是将建筑结构及设备专业的模型汇总在一起时，使用单机进行操作速度极慢。为解决这一问题，一些大型软件公司开发了计算能力强大且不占用单机资源的 BIM 云服务器，比如 Autodesk 公司的 A360 平台、Gehry Technologies 的 Trimble Connect 平台（原名叫 GTeam）。通过将各专业的模型汇总到云平台上进行碰撞检查和图纸会审，很好地解决了各专业的设计师位于世界不同国家的信息交流和传递问题。BIM 云平台可以由平台信息管理者根据使用者的不同开通不同的使用权限，保证信息的安全性。在 BIM 云平台上还设置有对话功能，设计师们可以一对一或设置多人的讨论小组在网上进行相互交流。在施工过程中，使用移动设备如手机或平板电脑等可以实时读取云平台上的图纸和模型，在网络信号不佳的工地也可以提前下载好离线模型到移动设备上，不需要再把成摞的图纸带到工地现场便能进行施工指导。比如 Trimble Connect 专门设计了在移动设备上运行的 APP（图 7-1），可以通过扫描二维码的方式直接找到对应的图纸或建筑构件的信息，包括构件的名称、属性、安装位置、安装方法等一系列信息。对于拥有上千个形状相似的构件的大型非线性建筑来说，这种方式能让工人们迅速找到下一步需要安装的构件及对应的图纸说明。

集成好的 BIM 模型可以使用 Autodesk 公司的 Navisworks、Bentley 公司的 Navigator 等 BIM 仿真及施工管理软件，来检查不同专业的构件之间是否发生碰撞以及进行施工过程模拟。BIM 仿真及施工管理软件可以导入多种格式的三维模型，通过制定施工进度表，能在软件中实现虚拟的施工全过程。BIM 仿真软件有着真实度极高且计算速度很快的可视化功能，可以轻松地在虚拟的建筑中进行漫游，创建出逼真的渲染图和动画，检查空间和材料是否符合设计想法。

在过去，造价预算师一般是通过浏览各专业的图纸，然后在造价软件中重新建模并计算工程量。这种方式对于复杂的非线性建筑来说不仅工作量极大，而且这些软件的建模能力都不足以满足搭建非线性建筑的要求，所以一般是大致估算完工程量后再乘以一个系数

图 7-1　Trimble Connect 平台在施工现场的应用

得到最终结果。这种方法很难估算准非线性建筑的造价，给成本控制造成了很大难度。基于 BIM 模型，建筑结构、水暖电各专业的模型可以汇总在一个平台里，各个专业的工程量能够通过 BIM 软件输出列表，各个构件的造价信息也可以输入 BIM 模型中，不需要专业的造价预算师重新构建模型。在建造过程中实时更新 BIM 模型中工程量和构件单价的变化情况，能对成本有更好的控制。如今国内工程主要应用广联达、鲁班、斯维尔、PK-PM 等软件做成本估算，国外主要应用 Innovaya、CostOS、Dprofiler 等。这些软件可以与 Revit 软件相兼容，通过输入 Revit 建成的 BIM 模型进行精确三维算量分析和成本估算。

## 7.2　数字建造技术

在设计阶段，通过计算机辅助设计 CAD 进行非线性建筑的设计、制图，计算机辅助工程 CAE 进行模拟、计算等工作。在加工和施工阶段，则利用计算机辅助制造（Computer Aided Manufacturing，CAM）技术将复杂的非线性建筑由数字模型变为实物。在过去使用人工进行非标准构件的切割和雕刻，比如高迪设计的圣家堂石材构件的制作，效率非常低下，如今应用数字建造技术大大加快了工程进度，并且精度很高。也正是因为数字建造技术的发展及广泛应用，使得越来越多的非线性建筑设计建成。本节从技术工具的角度阐述使用不同的数控设备对非标准构件进行加工，以及现场对构件进行拼装，包括二维切割、减材制造、增材制造、塑性制造、数字拼装等方面。

### 7.2.1　二维切割

二维切割（2D Cutting）是最常用的构件加工技术，主要是对平面的板材进行切割。常用的二维切割方式包括刀具（Cutting Tool）、激光束（Laser-beam）、等离子弧（Plasma-arc）、火焰（Flame）和水刀（Water-jet）等（图 7-2）。通过移动切割头、机床或两者同时移动，改变切割头和板材的相对位置，将板切割成所需平面形状。

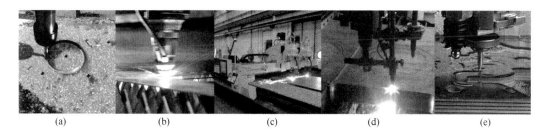

图 7-2　不同的二维切割方式

（a）刀具切割；（b）激光束切割；（c）等离子弧切割；（d）火焰切割；（e）水刀切割

　　在非线性建筑的建造中，常用二维数控切割方式加工非标准板材、雕刻复杂的镂空花纹等。切割完成的板材有的需再进行弯曲、焊接、组装等二次加工。

## 7.2.2　减材制造

　　减材制造（Subtractive Fabrication）是将块状材料通过刀具切削的方式去掉多余的材料，形成所需构件形状的加工方法。它是使用计算机控制机床（Computer Numerical Control，CNC）进行材料加工的。将三维的数字模型，一般为 IGES 格式，输入数控机器中，数控机器会自动将模型数据转化为控制切削头移动的 G-code 代码，然后进行材料的切削。

　　通过更换不同直径、形状的切削头，可以调节切削的效果和精度。切削的速度需根据材料的硬度、表面粗糙度等特征进行调整。一般在开始阶段使用较大尺寸的切削头对块材进行粗加工，尽快去除多余材料，之后再换成小尺寸的切削头进行精细的雕刻。二维切割机器中切割的工具头只能在 $XY$ 平面内移动，数控机床通过增加切削头的移动范围，实现三维切削。根据移动的方式，一般将数控机床分为三轴、四轴、五轴。可以将二维切割理解成二轴机床。三轴机床切削头的移动方式增加了垂直 $XY$ 平面的 $Z$ 方向，即可以沿竖直方向雕刻不同深浅的形状，但当上层材料未被切削时，不能切削下层材料（图 7-3a）。四轴机床则在三轴机床的基础上，切削头可以进行 $A$ 轴方向，即在竖直平面内旋转（图 7-3b）。五轴机床则再增加 $C$ 轴方向（图 7-3c）。轴数越大加工的限制越小，五轴机床基本可以实现各种形状的切削。

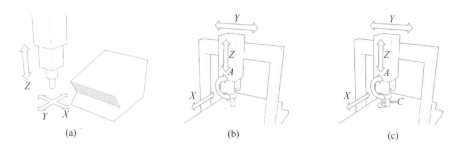

图 7-3　三、四、五轴数控切削机器示意图

（a）三轴数控切削机器；（b）四轴数控切削机器；（c）五轴数控切削机器

非线性建筑建造中常应用多轴数控机床雕刻木材、石材作为外围护或结构梁柱等构

件，或是雕刻泡沫块材作为混凝土、GRC、GRG、FRP 等材料构件制作的模板。比如阪茂在法国梅兹设计的蓬皮杜中心的木结构梁柱都是用数控机床对胶合木进行加工，切削出细节、连接孔等（图 7-4a）。盖里在德国杜塞尔多夫设计的新海关大楼酒店是钢筋混凝土结构外挂预制的曲面混凝土板，混凝土板的模具是利用数控机床切削泡沫块制成，然后再在泡沫上浇筑混凝土凝固成型（图 7-4b）。

(a)                                    (b)

图 7-4　减材制造技术在非线性建筑中的应用

（a）梅兹蓬皮杜中心木结构的 CNC 加工；（b）杜塞尔多夫新海关大楼混凝土泡沫模板的 CNC 加工

### 7.2.3　增材制造

增材制造（Additive Fabrication）和减材制造过程相反，通过数控机器将数字模型细分成一系列二维平面的薄片，控制打印头的移动将材料一层一层叠加，建成所需的构件形状。它也被称为分层制造（Layered Manufacturing）或快速成型（Rapid Prototyping），主要包括三维打印（3D Printing）和分层实体建造技术（Laminated Object Manufacture，LOM）两大类。

三维打印是最典型的增材制造方式。根据打印材料和打印方式的不同主要分为光固化立体造型（Stereolithography，SLA）技术、熔融层积成型（Fused Deposition Modelling，FDM）技术、多喷头制造（Multi-jet Manufacture，MJM）技术、粉末激光打印和选择性激光烧结技术二者技术原理相同，英文名称均为 Selective Laser Sintering，简称 SLS。

光固化立体造型、熔融层积成型、多喷头制造这三种方式，在打印悬挑的构件时需要增加额外支撑，打印完成后再用工具将支撑去掉，并将断口打磨光滑。粉末激光打印和选择性激光烧结技术都是粉末床熔融技术，用于增材制造，以石膏粉末和陶瓷粉末为材料的3D 打印和以金属粉末为材料的选择性激光烧结技术，利用 3D 打印机一层层铺粉末，每层厚度只有 0.2～1mm 左右。根据输入 3D 打印机中的计算机模型，有模型的地方打印时会在粉末中掺加黏合剂，没有模型的地方只是铺粉，这部分位置同时作为支撑，方便打印悬挑构件。打印完成后是一个由粉末组成的立方体，通过吸尘装置，将多余的没有黏结的粉末吸走供下次打印使用，留下黏结好的模型，不需要设置支撑便可以打印任意形状的物体。图 7-5 反映了不同类型的增材制造方式。

以上增材制造技术因为受到加工机器尺寸的限制，只能制作较小的构件，并且价格高昂，在建筑建造中应用比较有限，常被用来制作复杂形态的建筑模型、连接零件的样品或

（a）　　　　　　　（b）　　　　　　　（c）　　　　　　　（d）　　　　　　　（e）

图 7-5　不同增材制造工艺

（a）光固化立体造型；（b）熔融层积成型；（c）多喷头制造；（d）粉末激光打印；（e）选择性激光烧结

零件铸造用的模具。

近些年由美国南加州大学的 Behrokh Khoshnevis 教授带领的团队开发的轮廓工艺技术（Contour Crafting），以建筑常用的廉价的混凝土作为打印材料，打印尺寸达到一般建筑构件的大小。通过计算机控制材料挤出量及挤出的位置，层层叠加混凝土材料，每层打印出墙的内外边界，墙的截面采用之字形（图 7-6a），节约材料减轻重量的同时，留出空气空腔起到一定的隔热作用。这种方式可以打印出各种混凝土构件，如墙、地板、屋顶等（图 7-6b）。上海盈创装饰设计工程有限公司则利用三维打印混凝土技术，用水泥和玻璃纤维混合材料制作了位于上海的一栋别墅和苏州的 6 层住宅楼（图 7-6c）。

（a）　　　　　　　　　　　（b）　　　　　　　　　　　（c）

图 7-6　三维打印混凝土技术

（a）三维打印混凝土墙构件；（b）混凝土墙构件拼装；（c）三维打印混凝土别墅

## 7.2.4　塑性制造

塑性制造（Formative Fabrication）主要是通过施加压力将具有塑性变形能力的材料弯曲或压制成所需形状。一般分为弯曲成形（Stretch Bending）、模具成形（Die Forming）、单点成形（Single Point Forming）、多点成形（Multipoint Forming）、液压成形（Hydro Forming）等（图 7-7）。

（a）　　　　　　　（b）　　　　　　　（c）　　　　　　　（d）　　　　　　　（e）

图 7-7　不同塑性制造方式

（a）弯曲成形；（b）模具成形；（c）单点成形；（d）多点成形；（e）液压成形

非线性建筑构件加工最常用的塑性制造方式是弯曲成形和多点成形，不需要制作造价高昂的模具，主要用于加工曲线金属管、曲面金属板、曲面胶合木板等材料，作为建筑的梁、柱、表皮等构件。

### 7.2.5 数字拼装

数字拼装（Digital Assembly）是指在工地现场应用数字技术将构件单元安装到指定位置。一般是在人工拼装难度比较大，比如拼装的定位复杂、拼装有一定危险性或构件比较重等情况时，利用机械臂将构件安装到位。比如瑞士苏黎世联邦理工学院 ETH 的教授 Gramazio 和 Kohler 专门研究机器人在数字拼装方面的能力，他们为瑞士一个葡萄园设计的用于酿造和品尝葡萄酒的服务楼，立面采用排列呈渐变形态的砖块。利用计算机编码操控机械臂将砖块摆放成设计位置和角度并黏结，之后将一整块砖墙单元运至现场填充到混凝土框架结构中（图 7-8）。

图 7-8 数字拼装

数字拼装目前还受到机械臂本身操作范围的限制，并且常用于建筑建造中的机械臂都是固定的。未来将开发出可移动的操作范围更大的机械臂，只需工人按下开关，机器人就能根据指令行走到相应位置进行安装，大大减少人工的参与，可以依靠数个机器人不眠不休地日夜进行建造工作。

## 7.3 数字精度测量技术

建筑的精度测量不仅是检验静态下建筑构件的尺寸，同时会通过相应的方法调整误差。它还包括一个时间段内对建筑变形的监测，通过对测量结果的分析，对变形的趋势进行预测以及应用技术手段控制变形。

在过去，建筑定位测量都是依靠卷尺、铅垂线进行的，受测量人员个体影响比较大，测量的范围也比较小，容易受到遮挡物的干扰，但因为操作简便，现在在小尺度建造过程中，如房间的室内装修，卷尺、铅垂线仍是最常用的测量定位工具。20 世纪 80 年代以来，光电测距仪、数字水准仪、数字全站仪等先进的测量工具和技术开始应用于建筑工程中，大大提高了测量的效率、精度和范围。如今依靠卫星系统的 GPS 定位技术，以及最新的三维激光扫描技术，为建筑精度测量提供了操作更简便、更加高效精确的方法，能够对建筑构件的误差、变形进行更好的监测，及时发现问题并解决（图 7-9）。

### 7.3.1 地面测量仪器

应用地面测量仪器，包括光电测距仪、电子经纬仪、数字水准仪、数字全站仪等数字

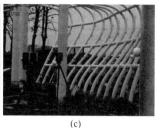

(a)　　　　　　　　　　　(b)　　　　　　　　　　　(c)

图 7-9　数字精度测量方法

（a）数字全站仪测量；（b）GPS 定位；（c）三维激光扫描

定位测量工具，配合卷尺、水平尺、铅垂线，是目前建筑建造中最常用的定位测量方法。光电测距仪用于测量两点间距离，适合在地面不平整、障碍物较多、使用卷尺不易拉直时使用，在较平整的环境测量精度比卷尺稍低。经纬仪用于测量水平角和垂直角，配合卷尺或光电测距仪进行放线定位，如今有了结合测量角度和长度功能的全站仪，经纬仪的使用逐渐减少。数字全站仪是集测量水平角、垂直角、距离、高差多项功能于一体的高技术测量仪器。数字水准仪是专门测量高差的仪器，精度比全站仪稍高。

目前非线性建筑建造中常使用全站仪作为定位测量仪器，水准仪进行地形高差的测量，卷尺、水平尺、铅垂线用在小块构件和室内装修的放线定位中。

## 7.3.2　GPS 定位

全球定位系统（Global Positioning System，GPS）最早由美国军方研制用作侦察、导航等军事用途。GPS 技术克服了传统地面测量易于被复杂地形、障碍物或恶劣天气等造成测量困难的缺点。目前，GPS 测量技术主要用于大跨建筑或高层建筑的放线定位与变形监测，具有高精度、高效率、操作简便的优点。利用 GPS 进行放线定位，数据测定和分析都由计算机完成，避免了人为误差的产生，施工控制网的基点选择约束也比较少，不需要基点之间相互视线贯通。

## 7.3.3　三维激光扫描和倾斜摄影建模技术

目前存在两种数据采集技术：三维激光扫描和倾斜摄影测量。前者生成点云模型，后者生成带纹理的网格模型。

### 1. 三维激光扫描技术

三维激光扫描技术涉及扫描头的旋转以及测量激光的时间和相位差异，以获取空间坐标和颜色信息，即 $XYZ$ 和 RGB 数值（图 7-10a）。随后，将结果离散化为彩色点云（图 7-10b）。

### 2. 倾斜摄影测量技术

该技术利用高分辨率的摄影设备捕捉经过处理的图像，生成纹理网格（图 7-11a）。所得模型呈现比点云模型更为逼真的三维场景（图 7-11b）。

点云模型的优势在于其具有比网格的顶点密度更高的点密度。另一方面，网格能够在物体上反映高像素密度的图像，并且比点云模型具有更好的逼真度。

图 7-10　三维激光扫描技术的工作原理和采集数据

（a）工作原理；（b）采集数据

图 7-11　倾斜摄影测量技术的工作原理和生成的三维模型

（a）捕捉角度；（b）生成的三维模型

## 7.4　非标准构件的制造

非标准构件是指大规模定制化而不可重复的、不可大规模标准化生产的建筑构件。根据加工难度进行分类，本节将非标准构件分为平面非标准构件和曲面非标准构件。平面非标准构件是将平面的材料切割成不规则的外轮廓，或是在平面上切割出不规则的花纹或孔洞的平面构件。平面非标准构件利用数控切割机，将轮廓图案的 dwg 文件输入机器中对平面材料进行切割即可，加工比较简单。

本节主要对加工过程复杂的曲面非标准构件进行研究。由于不同材料的加工过程差异很大，本节以非线性建筑中常用的材料进行分类研究，包括混凝土、金属、木材、玻璃，以及 GRG、GRC、FRP 等材料的曲面非标准构件的加工。

### 7.4.1　混凝土构件的制造

混凝土是现代建筑工程中应用最广泛的建筑材料之一，它可以同时作为建筑的结构、围护和外饰面。在非线性建筑中混凝土建造分为整体现浇和预制装配两种方式。

整体现浇的好处是结构整体性和抗震性能较好，构件尺寸不受标准构件限制，可以制作各种形状。比如美国知名建筑师杰西·赖泽（Jesse Reiser）和其夫人梅本菜菜子（Nanako Umemoto）合办的事务所 RUR Architecture 在阿联酋迪拜滨海区设计的 22 层 105m 高的 O14 办公楼项目，因为外表布满不规则的菱形窗洞形似奶酪（图 7-12a），被当地人亲切地称作"奶酪塔"（Cheese Tower）。项目采用筒中筒结构形式，外表皮为曲面现浇的钢筋混凝土外筒，建筑内部的楼梯、电梯间组成内核心筒。表皮的菱形窗是以规则的旋转 45°的正交网格为基础，综合考虑使用功能、视线、日照、结构隐私，在外表皮上布置了 5 种大小不同的孔洞（图 7-12b）。两个核心筒之间由玻璃幕墙划分开建筑的室内外空间，外表皮与玻璃幕墙之间形成 1m 宽的缓冲层，入口部分的缓冲层为 2m 宽。外表皮起到遮阳的作用，挡住迪拜强烈的阳光，并且表皮与幕墙之间的缓冲层会产生烟囱效应，增强空气流动，减轻室内空调的负荷（图 7-12c、d）。

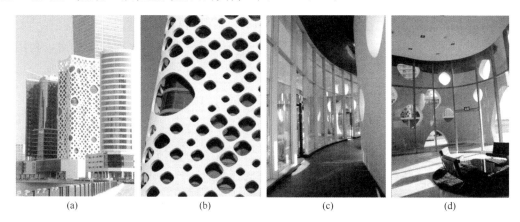

图 7-12　O14 办公楼室内外照片

(a) O14 办公楼远景；(b) O14 办公楼表皮窗洞；(c) 外表皮与幕墙间的空间；(d) O14 办公楼一层大厅

O14 办公楼外表皮被优化成 5 种大小不同的孔洞，方便加工模具。原先建筑师希望利用橡胶块制作成可多次使用的孔洞模具，以此降低模具造价。但后来与施工方商讨了解到制作可脱模回收再利用的模具，总造价比加工一次性的聚苯乙烯泡沫模具更贵，所以最终通过计算机生成每个模具的形状，输入 CNC 数控机床中直接加工出一次性的泡沫模具（图 7-13a）。

现浇钢筋混凝土因为混凝土量很大，对模具压力比较大，整体浇筑时一般采用质地较硬的可重复使用的木模具或钢模具，一般是通过平面模板分段近似围合成曲面的形状，只在预留孔洞等地方使用泡沫模具。O14 办公楼的现浇过程是首先布置好钢筋网，将泡沫模具固定在孔洞的位置，利用一段段的平面木板近似围合成建筑曲面轮廓。因为 O14 办公楼的外形是由一条封闭的平面曲线沿竖直方向挤出（Extrude）得到，所以各层的形状是一致的。混凝土采用分层浇筑的形式，每浇筑好一层，混凝土凝固后，将木模板保持形状不变移至上一层，撤除这一层的泡沫模具，再布置好上一层的钢筋网和孔洞泡沫模具，然后浇筑混凝土，如此重复之前的步骤，直至全部混凝土现浇完成（图 7-13b、c）。

日本著名建筑师伊东丰雄（Toyo Ito）在日本岐阜县设计的"冥想之森"市政殡仪馆，采用了更为典型的曲面现浇混凝土方法，制作复杂曲面屋顶。建造过程中，首先利用木质柱和曲线木梁搭建屋顶模板的临时支架（图 7-14a），然后利用形状窄长的胶合木板，弥

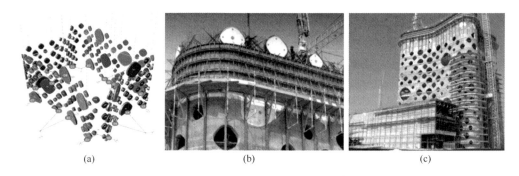

(a)　　　　　　　　　　(b)　　　　　　　　　　(c)

图 7-13　O14 办公楼钢筋混凝土外表皮建造过程

（a）表皮孔洞模具计算机模型；（b）表皮钢筋混凝土分层现浇；（c）浇筑成型部分撤除泡沫模具

合屋顶的曲面造型并用专门的螺栓固定（图 7-14b），在木模板上布置钢筋网（图 7-14c），再在现场浇筑混凝土（图 7-14d）。混凝土凝固后，使用研磨机将表面打磨光滑，利用激光校准仪校准屋面形状的控制点，在表面喷上一层 0.5cm 厚的氨基甲酸酯防水层，最后拆除支撑的木支架和木模具（图 7-14e、f）。

(a)　　　　　　　(b)　　　　　　　(c)　　　　　　　(d)

(e)　　　　　　　　　　　　　　　(f)

图 7-14　冥想之森殡仪馆曲面屋顶建造过程

（a）搭建屋顶临时支撑木架；（b）布置胶合木板模具；（c）在木模具上布置钢筋网；

（d）浇筑混凝土；（e）混凝土上人屋面后处理；（f）建成照片

西泽立卫（Ryue Nishizawa）在日本设计的丰岛美术馆，则创造性地应用堆土作为曲面混凝土屋面的模板，相比制作木模板造价降低很多。具体建造过程为：首先制作钢筋混凝土基础，然后在上面堆土，土采用黏性较高的丰岛砂土，使用压路机压实，确保强度。

利用三维测量工具精确确定曲面形状，由人工进一步整平堆土。然后在表面抹上薄薄一层水泥灰浆作为隔离层，避免雨水淋到堆土使其变形，同时防止屋顶内表面粘上堆土。在水泥灰浆层上绑扎钢筋网，再浇筑混凝土，混凝土凝固后使用吊车将挖掘机放入屋面两个开口部位，把泥土掏出，最后人工铲除水泥灰浆隔离层（图7-15）。

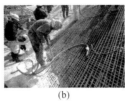
(a)      (b)      (c)      (d)

图7-15　丰岛美术馆曲面屋顶建造过程
（a）堆土制作模板；（b）布置钢筋网浇筑混凝土；（c）挖去内部的堆土；（d）建成照片

采用现浇方式制作的混凝土，同时作为承重结构和外饰面。而预制装配方式一般是主体结构采用现浇的钢筋混凝土框架或钢框架，保证良好的结构整体性和抗震性能。非标准的混凝土构件在工厂进行预制，作为围护结构或外饰面板，然后运至现场，通过局部现浇混凝土或干挂的方式与主结构连接。这样可以保证非标准的混凝土构件有更高的建造质量，并且主体结构现浇和工厂构件预制加工可以同时进行，缩短了工期。

XWG工作室在广西钦州设计的钦州钦廉林场办公楼，外立面采用钢筋混凝土结构，表面为不规则的菱形孔洞组成的图案。设计时将孔洞优化为3种不同大小的组合，根据室内功能、视线要求、日照模拟布置不同大小孔洞的位置。建造时首先采用现浇方式搭建钢筋混凝土交叉梁，通过钢模具制作菱形孔洞的混凝土单元，混凝土单元边缘留出钢筋头与交叉梁的钢筋头焊接，然后缝隙处用水泥砂浆填实，最后整体涂上白漆（图7-16）。

(a)      (b)      (c)      (d)

图7-16　钦州钦廉林场办公楼混凝土表皮制作过程
（a）数控机床切削泡沫模具；（b）浇筑混凝土制作构件单元；（c）构件单元拼装；（d）建成照片

上述方式比较适合混凝土构件单元种类比较少的情况，当混凝土构件单元为曲面，且形状都不一样时，采用木模板或钢模板制作费用会非常高。这时一般将构件对应的模板的计算机三维模型输入数控机床中，直接切削聚苯乙烯泡沫块作为模具，在泡沫模具内浇筑水泥砂浆，混凝土凝固后，除去泡沫即成为曲面混凝土构件。比如盖里在德国杜塞尔多夫设计的新海关大楼酒店，在钢筋混凝土结构外挂的预制的曲面混凝土板就是利用这种方式制作而成的（图7-17）。

## 7.4.2　金属构件的制造

金属构件加工技术成熟，加工精度高，能高质量地加工出弯曲、穿孔、不规则的构

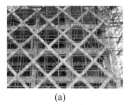 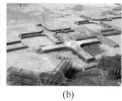 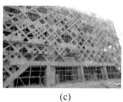 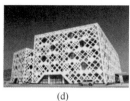

(a) (b) (c) (d)

图 7-17 杜塞尔多夫新海关大楼酒店混凝土表皮制作过程

(a) 搭建交叉梁；(b) 预制单元；(c) 连接单元与交叉梁；(d) 建成照片

件，构件从感官上轻、细、薄，在非线性建筑中常用作结构和表皮材料，不论是金属固有颜色还是进行上色，表现力都很强。金属非标准构件的加工主要包括切割、铣削、塑性建造、铸造等方式。

金属型材可以根据金属的种类、形状、厚度、精度要求等方面，选择刀具、激光束、等离子弧、火焰和水刀等方式进行数控切割。在机械臂上安装切割工具，可以实现三维切割。图 7-18 展示了在机械臂上安装激光切割头，切割圆形截面钢管的结果，钢管的断面切割角度被精确控制，保证了焊接的准确性。

铣削可以在数控机床的控制头上安装刀具或钻头对金属进行立体雕刻。因为金属铣削比木材、泡沫等要费时且对刀具磨损大，所以主要应用于开孔、小面积雕刻

图 7-18 三维激光切割钢管

图案等工作，大面积的凹凸形状则利用塑性制造、铸造等其他方式。在数控机器的控制头上安装可流出混合化学溶剂的电解液腐蚀金属，控制电解液的流速也可以实现铣削金属的效果。这种方法主要用于对金属表面的精细化处理，如制作电镀图案等。

金属材料具有很好的塑性，通过施加压力将材料弯曲或压制成所需形状后，形状可以维持住，所以塑性制造也成为金属非标准构件常用的加工方式。塑性制造主要包括弯曲成形、模具成形、单点成形、多点成形、液压成形等方式。在实际加工过程中，有时现有的加工方式不能满足要求，通过试验将某些方式进行改良或组合，可创造出更经济、高效、精确的方式进行加工。

比如扎哈在韩国首尔设计的东大门设计广场，采用 4mm 厚的尺寸约为 $1.2m \times 1.6m$ 的四边形双曲面穿孔铝板作为外表皮，总共使用 45133 块铝板，每块形状、开孔大小、数量都不相同，总面积达 $33228m^2$。经过试验比较，最终选择了操作性和经济性都较好的多点拉伸成形（Multipoint Stretch Forming）方式加工这些形状各异的铝板。在设计阶段求得曲面的平面展开面，然后在各边适当向外延长一定距离，因为弯曲时需要夹具夹住铝板施加压力，然后利用数控切割机将平面铝板切割成所需形状。将设计的曲面形状文件导出为 IGES 格式，输入数控多点成形机器中，控制金属点阵的高度使其近似弥合曲面的形状。在金属点阵上垫一块橡胶垫，可以避免施加压力后金属点阵在金属表面留下凹痕。一

一般多点成形是控制上下两个金属点阵模具施加压力成形，而多点拉伸成形则是指利用下部的金属点阵模具，配合机械臂对金属左右两个边缘施加压力，使金属形状贴合模具，从而节省一定的金属点阵模具调节时间，更加高效（图7-19）。

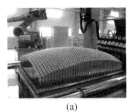 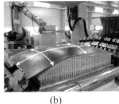  

(a)　　　　　　　(b)　　　　　　　(c)　　　　　　　(d)

图7-19　金属板的多点拉伸成形过程

铸造是将金属材料加热熔化成为流体或半流体，倒入受热不会变形的模具中凝固成形的方式。铸造用的模具分为一次性的沙模和可重复使用的铸铁或合金模具。沙模比较便宜，但铸造出的产品精度较低。铸铁或合金模具铸造出的产品精度高，但模具制作费时、费钱。当金属非标准构件种类有限时，适合采用可重复使用的模具进行铸造。比如北京凤凰中心外壳钢结构的支座被优化成为2～3种标准部件与异形部件的组合，解决了钢结构与地面交接角度都不相同的问题。标准部件的制作就采用铸造的方式，虽然单个模具很贵，但均摊到每个构件上模具费用就下降很多。对于每个构件都不同的情况，不适合利用铸造的方式。

金属构件往往会应用到以上多种方式加工，然后通过螺栓或焊接的方式在工厂组合在一起成为一个构件单元，运至现场进行拼装。因为工厂的环境较为稳定，受天气影响小，设备、人员的控制都比现场要更精确，所以需要在工厂在满足运输和吊装等条件下，制作出尽可能大的单元，留下少部分拼接工作到现场完成。比如国家体育场"鸟巢"的钢结构梁因为截面尺寸和壁厚很大，没有专门的型材用于直接弯曲，需要首先将矩形截面钢梁的四个面利用多点成形的方式加工成弯扭的钢板（图7-20a）。在工厂地面上每隔一段距离，按照钢构件的三维形态制作出钢胎架，在钢胎架上将四个弯曲好的钢板组装焊接在一起，沿曲线方向每隔一段距离在内部焊接一块钢肋板，使结构单元更加稳固（图7-20b）。对组装完成的钢梁构件进行打磨、喷漆等处理后，运至现场与其他构件通过焊接连接（图7-20c）。

  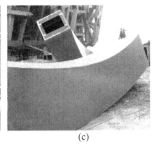

(a)　　　　　　　　　(b)　　　　　　　　　(c)

图7-20　鸟巢钢梁制作过程

（a）钢板多点成形方式弯曲；（b）在钢胎架上组装构件；（c）构件运至现场准备吊装

### 7.4.3 木构件的制造

胶合木技术以及数控加工技术的发展，使得木材可以制作成各种形态的曲线梁、曲面板等构件，作为非线性建筑的主结构和装饰材料。木材防火、防腐技术的发展，使得木材在建筑中得到更广泛的应用。木质非标准构件的加工主要包括切割、铣削、弯曲等方式。

木材的数控切割和铣削如今已经非常普及，大型木材加工厂都有数个数控加工设备。同时，数控机器的操作过程也比较成熟，将计算机搭建的数字模型导入数控机器中转译为控制机床移动的代码，进行切割、铣削即可。

通过胶合木技术利用木板或木条重叠，使用结构胶粘合，使得木材可以制作弯扭构件，并且胶合木剔除了天然木材节疤、开裂的缺陷，具有均匀的结构强度，可以制作大跨度构件。通过加工过程中的一系列物理和化学处理，提高了木材的防腐、防火性能，增加了木材的适用范围。胶合木弯曲的基本过程是将木材进行水蒸气加热或药剂处理，提高木材含水量使其软化，对软化的木材施加压力使其变形。达到所需形状后保持施加的力，维持形状，通过吹风或自然干燥使其定型。弯扭木材构件的制作，首先将胶合木板采用上述方式沿单向弯曲成形，然后切割成条状，这样每根木条都是单曲线的。再将每根木条沿垂直于单曲线所在平面方向进行弯曲，就成为双曲线木条。之后将所有木条黏结在一起，组成矩形截面的弯扭木梁，再通过数控加工机床对构件进行二次加工制作出连接孔、槽等（图 7-21）。

图 7-21 弯扭胶合木构件

### 7.4.4 玻璃构件的制造

建筑因为有采光、视线的要求，所以玻璃构件是必不可少的。如今随着玻璃安全、隔热、遮阳等性能的提升，以及丝网印刷、彩色玻璃等玻璃加工技术的发展，使得越来越多的建筑采用玻璃幕墙作为外围护和饰面。在非线性建筑中因为整体造型关系，很多玻璃构件都是非标准的，分为平面和曲面两大类。平面非标准玻璃，只需按照图纸测量划线，由人工或机器切割即可，制作方式比较简单。曲面玻璃幕墙的建造，一种是通过设计优化将曲面用矩形平面或三角形平面进行弥合，比如福斯特事务所在伦敦设计的瑞士再保险银行大厦使用平面菱形和三角形弥合双曲面表皮（图 7-22a）。这种方式的玻璃构件为平面，加工难度和造价都比较低，但当曲面局部曲率较大时，弥合效果比较差。

另一种是通过冷弯或热弯的方式制作曲面玻璃单元。玻璃单元曲度比较小时，最新研发出一种冷弯技术。利用玻璃一定的弹性变形能力，将平面玻璃固定在曲面框架上，通过机械施加压力，在满足应力条件下，使玻璃形状与曲面框架贴合，达到所需曲面效果。这种方式比起热弯造价更低，适合曲率半径较大的曲面加工，比如俄罗斯圣彼得堡银行办公楼的曲面玻璃幕墙，就是采用冷弯技术制造的（图7-22b）。因为玻璃的变形有限，复杂的曲面无法用冷弯方式制造，并且冷弯会造成玻璃产生残存的应力，控制不好玻璃会破碎，所以适用性较小。

热弯方式是加工复杂非标准曲面玻璃构件的最常用方式，通过加热使玻璃软化，对玻璃进行塑形，冷却处理后玻璃定型。建筑中的热弯玻璃一般通过制作模具翻制和通过数控机器无模成形两种方式，比如北京天文馆新馆的曲面玻璃幕墙是通过钢模具，制作热弯玻璃单元的（图7-22c）。盖里设计的巴黎路易斯威登基金会的曲面玻璃屋顶，则是利用数控方式进行加工（图7-22d）。

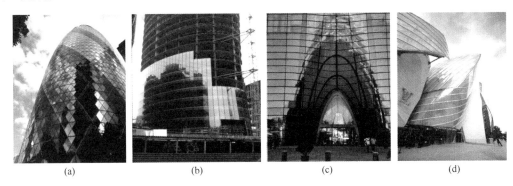

| (a) | (b) | (c) | (d) |

图 7-22　不同制造方式建造的曲面玻璃幕墙
（a）伦敦瑞士再保险银行大厦；（b）圣彼得堡银行办公楼；（c）北京天文馆新馆；（d）巴黎路易斯威登基金会

若采用制作模具翻制玻璃的方式，因为模具成本很高，所以适合利用同一模具重复制作形状相同的玻璃构件。数控无模成形方式则省去了制作成本，但数控机器一次性投入很大，只有大型玻璃生产厂家才会购买。两种制作方式的区别在于：其一是模具不可变，其二是数控可变。加工曲面玻璃的其他步骤基本一致，具体过程如下：

和金属板弯曲方式不同，玻璃在受热弯曲后就不能进行切割，所以要在热弯前先在平面玻璃上根据设计求出曲面的平面展开面形状进行划线，利用数控或人工的方式切割。因为玻璃变形后在冷却过程中会发生收缩，所以在下料时会适当比理论的展开形状要大一点，具体放大的量与玻璃的品种、厚度、曲面形状、精度要求等相关，需要提前进行试验再进行实际加工（图7-23a）。

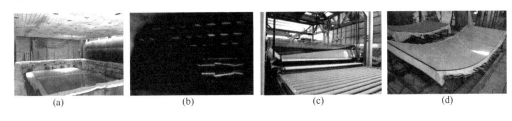

| (a) | (b) | (c) | (d) |

图 7-23　非标准曲面玻璃制作过程
（a）平面玻璃下料；（b）玻璃放在钢模上在炉中加热；（c）数控曲面玻璃机器；（d）冷却后曲面玻璃定型

将切割好的平面玻璃放在提前制作的曲面形状的钢模具上，或是数控模具的机器中，在严格控制的高温环境下，玻璃软化并受重力影响变形，贴附在曲面模具表面。有的数控机器会额外施加压力，加速变形的过程，并且使玻璃与数控模具表皮贴附得更加紧密，加工精度更高（图 7-23b、c）。

玻璃变形为所需要的形状后，控制温度下降的速度，进行退火步骤。控制玻璃的收缩量，并防止温度骤降造成玻璃破碎，最终玻璃冷却定型，通过合理的存放和打包措施，运送到现场（图 7-23d）。

### 7.4.5　其他材料构件的制造

其他常用的非标准构件材料，包括 GRC、GRG、FRP 等纤维增强制品。玻璃纤维增强混凝土 GRC 主要材料包括水泥（常用的普通硅酸盐水泥、快硬硫铝酸盐水泥等）、耐碱玻璃纤维（耐碱短切玻璃纤维丝、耐碱短切玻璃纤维毡、耐碱玻璃纤维网格布等），配合一些聚合物（丙烯酸酯共聚乳液）和外加剂（减水剂、塑化剂等）提升材料综合性能。玻璃纤维增强石膏 GRG 材料则是利用超细结晶的高强度 α 石膏粉、耐碱玻璃纤维及一些添加剂。纤维增强复合材料 FRP 是由玻璃纤维、碳纤维和芳纶纤维增强的树脂基复合材料，分别简称为 GFRP、CFRP 和 AFRP。常用于建筑工程的是 GFRP，即玻璃纤维增强复合材料（本文所述的 FRP 均为 GFRP），俗称玻璃钢，价格相对便宜。一般以玻璃纤维或其制品作为增强材料，不饱和聚酯、环氧树脂、酚醛树脂作为基体材料制成。GRC、GRG 制品可以直接在材料中混以颜料制作成彩色构件，或是在其表面涂漆、贴附墙纸等作为装饰。FRP 制品则是在其表面涂漆进行装饰。

GRC、GRG 的加工方式比较相近，都是将混合有耐碱玻璃纤维丝的水泥砂浆或石膏灰浆浇筑在模具中成型。GRC 构件的加工分为传统喷射（Traditional Spray）和预混合（Premix）两种方式。传统喷射技术是加工 GRC 板材最常用的方式，分为手工喷射（Hand Spray）（图 7-24a）和自动喷射（Auto Spray）（图 7-24b）。它是利用人手工或机器操作两个喷头往模具上喷材料，一个喷头喷出水泥砂浆，另一个喷出耐碱玻璃纤维短切纱，两种材料在空中进行混合。所以材料喷出的速度、喷头角度需要掌握好，使材料混合均匀、凝固后达到设计强度要求。预混合技术分为喷射预混合（Sprayed Premix）（图 7-24c）和浇筑预混合（Cast Premix）（图 7-24d）两种方式。它是将水泥砂浆、耐碱玻璃纤维短切纱等材料预先通过搅拌机混合好，然后利用喷射或浇筑的方式将材料填充在模具

(a)　　　　　　　　(b)　　　　　　　　(c)　　　　　　　　(d)

图 7-24　GRC 材料制作工艺

（a）手工喷射；（b）自动喷射；（c）喷射预混合；（d）浇筑预混合

中成型。加工 GRG 构件主要采用浇筑预混合的方式，将混合好的玻璃纤维与石膏灰浆倒入模具中凝固成型。FRP 构件的加工则是将玻璃纤维布放在模具上，在纤维布表面通过涂刷或抽吸的方法，使液态合成树脂材料均匀分布在纤维布表面，合成树脂遇空气凝固后与纤维布一起形成共同受力的复合材料。

制作 GRC、GRG、FRP 材料的非标准构件时，模具的成本占很大一部分，常用的模具材料分为可重复利用的木质模具、硅胶模具、玻璃钢模具，以及一次性的泡沫模具。当构件通过设计优化为形状相同的几类时，每一类可制作几个可重复利用的模具。这种模具通过人工或数控加工方式制成，价格较高，但因为可重复利用，均摊到每个构件的模具成本会下降很多。当构件每个形状都不同时，制作可重复利用的模具性价比很低，一般通过数控加工方式制作一次性的泡沫模具，通常采用聚苯乙烯、聚氨酯等致密的泡沫，保证当材料放置在模具内时，模具不发生很大的变形。

GRC、GRG、FRP 材料的构件一般在制作时，预先将其背后的金属连接件与基体材料组合在一起，方便现场吊装和安装。构件分为两个类别：一种是单一材料的板材，只是作为外饰面；另一种是以硬质泡沫作为夹心材料同时作为模具，外面包裹 GRC、GRG、FRP 中的一种，形成集保温、围护、结构于一体的复合材料。

单一材料的板材以 GRC 外墙板为例，建造过程如下：

（1）当构件每个形状都不同时，一般通过数控加工方式制作一次性的泡沫模具。当构件形状只有几类时，制作可多次使用的玻璃钢模具、木模具等。模具通过数控加工或人工方式，搭建出构件外表面形状（图 7-25a）。

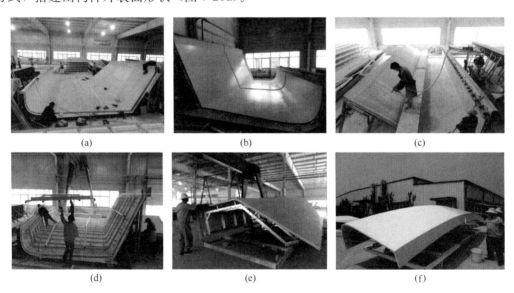

图 7-25　GRC 板构件单元制作过程
（a）搭建木模具；（b）制作外表面面层；（c）在面层上喷洒 GRC 混合材料；
（d）连接构件背面的龙骨；（e）单元翻转放置；（f）上漆后完成构件单元

（2）在模具表面涂刷脱模剂，方便最后成品构件能与模具顺利分离。构件表面要求比较高时，会预先制作表面层，比如铺设防水纸面做成防水纸面水泥板。表面没有太多要求的可直接进入第 3 步（图 7-25b）。

（3）利用传统喷射或预混合方式，将混合有耐碱玻璃纤维丝的水泥砂浆均匀铺设在面层表面（图 7-25c）。

（4）通过自攻螺钉将构件背面的龙骨与 GRC 板连接，这种方式适用于较大的构件单元，提前连接龙骨减少了现场连接的工作量，并且方便吊装和存放。较小的构件单元可以不预先连接龙骨，一般会预埋金属连接件，然后到现场与主结构外侧的龙骨采用螺栓连接（图 7-25d）。

（5）使用吊机将构件单元翻转存放，便于运输及对表面进行后处理（图 7-25e）。

（6）对表面进行找平、打磨、上漆等后处理工作，然后包装，准备运至现场（图7-25f）。

泡沫夹心的复合材料以 FRP 夹心板构件单元为例，建造过程如下：

（1）构件曲度比较大时，为节约泡沫的使用量，使用可以拆卸并循环利用的钢材及玻璃钢型材，制作出近似 FRP 构件单元形状的胎架（图 7-26a）。构件曲度比较小，形状较平整时，可直接进行第 2 步。

（2）在钢胎架上均匀喷洒液态树脂材料，并达到一定厚度，液态树脂遇空气立即凝固成为塑料泡沫（图 7-26b）。

（3）利用数控机床将泡沫切削成 FRP 构件单元外表面的形状，作为外表面的模具（图 7-26c）。当构件单元形状均不一致时，利用一次性泡沫模具，当形状被优化成有限的几类时，可以制作可多次使用的玻璃钢模具、木模具等，节省模具材料和造价。

（4）在外表面模具上人工铺设玻璃纤维布，利用涂刷或抽吸的方式使树脂均匀分布在纤维布表面，然后重复铺布涂树脂的工序，使厚度达到设计要求。树脂凝固后与纤维布一起形成具有良好力学、防水特性的 FRP 树脂纤维层，作为 FRP 构件单元的外表面（图7-26d）。

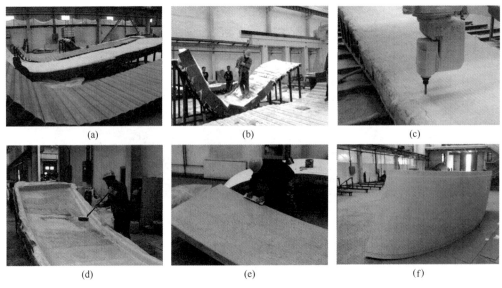

图 7-26　FRP 夹心板构件单元制作过程
（a）搭建钢胎架；（b）喷洒液态树脂；（c）泡沫模具数控加工；
（d）制作 FRP 树脂纤维层；（e）表面找平打磨；（f）喷漆后完成构件单元

（5）在外表面的 FRP 树脂纤维层上再喷洒液态树脂材料，形成泡沫夹心层，利用数控机床将泡沫切削为构件单元内表面的形状，重复之前铺布涂树脂的工作，制作内表面的 FRP 树脂纤维层，然后对表面进行找平、打磨、喷漆等后处理工作（图 7-26e）。

（6）最终对完成的构件单元进行包装，准备运输到现场（图 7-26f）。

在制作过程中之所以需要外表面模具，而不是直接将 FRP 树脂纤维层包裹在夹心泡沫的内外表面，主要是为了保证外表面的制作质量。采用上述方法制作的构件单元外表面质量要高于内表面，内表面的找平、打磨工作会花更多的时间。直接利用数控机床同时加工板的内外表面，之后包裹内外表面的 FRP 树脂纤维层，从技术上还未达到精度要求。未来通过技术改良，省去制作外表面模具，直接利用夹心泡沫作为唯一的模具，可以更加节省造价。

## 7.5　现场构件的组装

非线性建筑建造一般将构件在工厂利用数控加工的方式制造，现场通过人工的方式进行连接组装。构件运至现场不会立即全部安装上，需要进行分类存放，分类存放过程中要保护好构件不被破坏或发生变形。现场构件的组装主要分为定位、安装、调整、校核四个步骤。在组装过程中，特别是结构构件的组装会涉及支撑和卸载的步骤。本节将从材料分类与存放、构件定位方法、构件拼接方法、支撑与卸载等方面，阐述现场构件组装方法，保证精度要求。

### 7.5.1　材料分类与存放

科学合理地对材料进行分类和存放，需要建立健全的材料管理体系，对材料存储、运输、安装的各个步骤都有详细的记录，保证各个步骤中原材料和构配件的质量。

一般施工方会专门成立一个材料采购和管理小组，负责材料的采购、质量检查、库房管理等工作。在施工前做好前期准备工作，了解工程进度要求，根据需要在现场存储一定数量的材料。不需要一次性把所有材料都运至现场，把暂时不需要的材料存放在构件加工厂，在现场不用设置很多存储空间，可以减轻现场存储的压力。同时构件加工厂的保存更加专业，能更有效地保障材料存储质量，但需要保证材料能够及时供应，不出现施工安装过程中材料短缺、耽误工期的现象。每类材料有不同的存放要求，需要分别对待，包括控制环境的温湿度、是否对材料进行包装储存等。

非线性建筑构件种类繁多，很多构件都是唯一的，没有备用品，需要进行非常详细的信息化管理，合理地将构件进行分类存放，才能保证构件不发生损坏，并且在安装时能迅速找到对应的构件。通过 BIM 方法，不仅可以输出 Excel 表格记录每个构件的存放信息，包括构件编号、存放位置、构件质量、价格等，还可以进行三维可视化模拟构件存放过程。通过建立构件存放的 BIM 模型，能够更有效地利用存储空间，存放更多的构件，并且能从三维模型中直观地找到每一个构件的存放位置，方便快速找到构件。构件的入库、出库、质量管理等信息，也都记录在 BIM 模型中。如今借助 BIM 云平台，图纸及建筑构件的信息被上传至网络，或离线下载在如手机或平板电脑等移动设备上。在每个构件上贴一张二维码的贴纸，通过使用移动设备扫码，可以立即找到对应的图纸及建筑构件的信息，包括构件的名称、属性、安装位置、安装方法等，不需要再从成摞的图纸中一张张寻找，方便在构件的存储、运输、安装过程中对构件进行高效的管理。

通过高效的材料管理，能够减少材料的损耗，并严格控制材料的质量，对提高建筑质量、节约成本起到非常重要的作用。

### 7.5.2 构件定位方法

目前建筑施工过程中，常用的定位测量方法主要是应用 GPS 和地面测量仪器，包括通过光电测距仪、电子经纬仪、数字水准仪、数字全站仪等数字定位测量工具进行大尺度定位，配合卷尺、水平尺、铅垂线进行小尺度定位。三维激光扫描仪则是在构件加工或拼装完成后用于精度检查的工具，而不是在施工过程中用来定位的。

实际组装过程中，一般是集中使用测量仪器、工具进行划线定位，安装构件时以划线定位或连接件为参考标准进行连接，而不是每安装一个构件都用测量仪器定一次位置。相邻的构件一般是通过测量仪器确定其中一个构件的位置，另一个以先安装的构件作为基准进行安装，比如安装外墙金属板时，通过测量仪器精确定位每根龙骨及龙骨上连接点的位置，表面的金属板则直接通过连接件与龙骨相连，不需要再重新定位。通过构件连接节点设计，方便定位时在三维空间中迅速找到参考点，构件连接以这个参考点为基础，配合卷尺、水平尺、铅垂线等工具进行准确定位。比如伊东丰雄设计的"冥想之森"市政殡仪馆，屋顶为曲面现浇钢筋混凝土结构，混凝土的模板用长条形的木板近似弥合而成。为支撑起木板屋顶，下方用曲线的临时木梁作为支撑，通过长螺杆和螺母将木板屋顶模具固定在木梁上。螺杆总共约 3700 个，垂直于曲面设置，螺杆上部端头的白色螺帽作为参考点，按照电脑模型输出的点坐标，使用数字测量定位工具进行精确定位。所有白色螺帽与其下方固定用的螺栓距离保证一致，这样就确定了木板模具的位置（图 7-27）。

为了提高定位速度，并不是每个构件都有一个对应的定位参考线、参考点，往往是一个区域内共用一条参考线。比如砌砖过程中，不会每层砖都放一次线，而是在竖直方向上每隔约 0.5m 左右放一条线作为水平参考线。定位参考线或参考点设置得越密，定位精度越高，但定位工作量越大，需要平衡两者之间的关系。

(a)　　　　　　　　　　(b)　　　　　　　　　　(c)

图 7-27　曲面混凝土模板定位方法

（a）固定螺杆测量定位；（b）屋顶模板外侧的螺杆；（c）屋顶模板内侧的螺杆

### 7.5.3 构件拼接方法

组成建筑的构件在工厂加工完成后运至现场，通过人工或机器辅助的方式进行拼装。拼装的连接方式分为可逆连接（Reversible）和永久连接（Permanent）两大类。可逆连接主要是采用螺栓、铆钉等进行连接，之后可以拆卸重装。永久连接是采用焊接或结构胶、水泥砂浆等黏结的方式，拆卸需要通过切割，会破坏构件。

如金属的焊接等永久连接方式，对于施工环境、工人技术要求比较高，需要尽可能在工厂内进行，然后在现场将构件通过螺栓、铆钉等可逆连接。这种方式在欧洲非常普遍，大部分建筑的钢结构、表皮的金属板、GRC 板等都是通过螺栓进行连接的，建造精度很高，且现场拼装十分方便。而国内主要在现场通过焊接方式连接钢结构，施工周期长，并且因为现场受天气影响较大，焊接质量不易保证，焊接产生的变形也不容易控制。

砌体、混凝土等构件，除了通过螺栓、龙骨等构件进行干挂连接外，还常常利用水泥砂浆等黏合剂进行"湿作业"连接。以砖砌体为例，其建造质量要求被概括为 16 个字："横平竖直，砂浆饱满，错缝搭接，接槎可靠"。非线性建筑主体结构应用钢筋混凝土时，当外饰面采用陶板、GRC 板等通过砂浆连接在主结构上时，混凝土的质量满足结构要求即可。当混凝土直接作为外饰面，即清水混凝土时，对混凝土的质量要求就要提高很多。主要包括表面光滑，密实平整，颜色均匀，无明显施工裂缝，无蜂窝麻面等影响观感的现象，各类分隔缝线条顺直、分布规律等要求。

木构件的连接需要传力明确、构造简单、连接紧密、方便检修，常用方式有榫卯连接、齿连接、螺栓或钉连接、键连接等。榫卯连接是中国古代木建筑中广泛应用的连接方式，木材通过承压方式固定和传力，不需要通过钉子或胶进行连接。但这种方式因为切削了不少木材，对材料本身力学性能的利用有一定损失。齿连接是木桁架节点的连接方式，通过将上层压杆的端头制作成齿形，直接插接到下层杆件的齿槽中，和榫卯连接方式比较相似。螺栓、钉、键等基本采用金属构件，用于木材接长和节点连接，是现代建筑中常用的可靠性较高的木构件连接方式。

以德国建筑师由根·迈耶尔·赫尔曼（Jürgen Mayer H）在西班牙塞维利亚老城区设计的"都市阳伞"（Metropol Parasol）为例，该项目是目前世界上最大的木构建筑。这个巨型木构建筑集博物馆、菜市场、空中广场、餐厅、商业等多种功能于一体，像 6 朵蘑菇状的云飘浮在空中。木构采用数控切割的复合木板，形成正交体系，拼插而成（图 7-28a）。为了满足结构要求，正交的两块巨型木板的交叉部分通过钢连接杆和钢铰链进行连接。钢铰链位于交叉的两块木板形成的四个象限内，保证木板不发生角度偏转，保持 90°夹角。每个交叉部分距交线上下端各约五分之一处设有两个钢连接杆，起到连接被截断的左右两个木板的作用，部分位置为了加固还设置了斜拉钢索。木板是通过 3mm 厚的薄板胶合而成，钢连接杆的预理部分夹在木板之间做成一体，现场通过螺栓将连接杆与左右两块截断的木板的预埋件进行固定（图 7-28b、c）。3000 多个连接节点完成后，形成共同受力的整体结构。

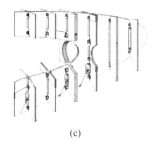

(a)            (b)            (c)

图 7-28   "都市阳伞"木结构连接方式

### 7.5.4 支撑与卸载

在现场施工过程中，结构构件的组装一般会涉及支撑和卸载的步骤。支撑和卸载步骤中的荷载、变形量等参数都是基于施工模拟得到的。对于大跨度空间结构施工，临时支撑应用得非常广泛。临时支撑的主要结构形式分为满堂脚手架支撑、网壳型支撑、钢管格构柱支撑等。其主要作用包括：

（1）在结构未形成整体之前提供支撑力，保证构件能够准确地安装到相应位置。

（2）减少构件变形，降低连接点的水平推力和竖向反力。

（3）拆除临时支撑，卸载时结构受力情况向设计状态进行转化。

以国家大剧院为例，钢壳体的长轴为 212.2m，短轴为 143.64m，半竖轴为 46.29m，是独立的空间钢网壳结构。在钢结构安装过程中，选用了螺栓球节点网架支撑结构形式，其支撑整体性好，荷载易于扩散，使得每个节点的平均荷载比较小。并且有 80% 的杆件采用标准杆件，便于安装拆除，可重复利用。国家大剧院钢壳体建造过程中，共设置了 3 道支撑，包括中心支撑 $S_0$、外圈支撑 $S_1$、内圈支撑 $S_2$（图 7-29a）。$S_0$ 支撑位于歌剧院的屋顶，下层采用标准高度 2m 的排架式网架，上层为高度 1.414m 的四角锥网架。$S_1$、$S_2$ 支撑位于从 $-7.0$m 到 33.0m 高低错落的结构面上，下层采用宽 4m、高 2m 的排架式网架，顶层采用四角锥网架。为了将结构荷载均匀扩散到支撑网架上，在结构和支撑网架之间还用型钢制作了转换层（图 7-29b）。

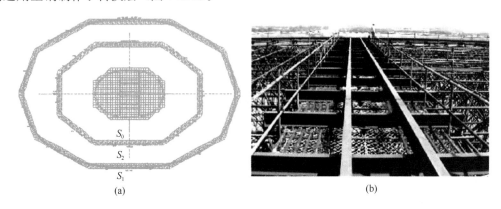

(a)                              (b)

图 7-29   国家大剧院支撑网架搭建方法

（a）支撑网架平面布置图；（b）支撑结构转换层

国家大剧院的钢网壳安装完成后，支撑拆除前，需要制定合理的卸载方案，完成施工阶段的结构体系向主体结构自承重体系的转换。实施卸载前，首先将卸载用的支架及螺栓千斤顶安装到位，并拆除梁架底部的限位装置。卸载需要严格按照计算机模拟得出的实施顺序和支撑下降量进行。利用调节螺栓千斤顶，按多次循环、微量下调的原则，逐步卸去支撑荷载。在卸载过程中，利用全站仪实时监控变形量，确保卸载的安全性。

## 7.6 制造和施工阶段的误差来源

非线性建筑的建造分为构件工厂加工、现场施工、精度测量三个阶段。工厂加工阶段，材料、工艺、加工工具、变形等因素都会导致产生一定的误差，并累积起来反映在每个构件上。现场施工阶段，每个构件的误差会继续传递，并与测量定位、安装、构件变形等因素产生的误差累积起来，反映在完工的建筑上。精度测量因为仪器、测量方法及测量环境影响，本身也存在一定的误差。建筑最终的误差是通过精度测量结果与设计模型或图纸进行对比得到的。本节从材料自身误差、加工工具误差、构件加工工艺误差、构件变形、测量定位和精度检查误差、施工安装误差等方面，详细阐述加工和施工阶段误差的来源。

### 7.6.1 材料自身误差

建筑材料分为天然材料（比如木材、石材等）和人工合成材料（比如玻璃、复合材料等）两大类。从自然界直接获得的天然材料是经过自然界的阳光、风、雨等各种作用长期形成的，所以材料本身不是均质的。比如，天然木材一般不会是规则的圆柱体，并且会有疤、裂缝等瑕疵。在将天然木材进行二次加工制作成建筑构件时，需要尽量避免使用有疤和裂缝的部分。天然材料质感、色泽较好，但价格比较贵且资源有限，常用在比较高端的建筑，如高档酒店、住宅、办公楼的室内外装修上。一般建筑常用天然材料的边角料、废料，如碎木屑、碎石块、石粉等可进行再利用，混合黏结剂、颜料、固化剂、树脂等材料压制成人造木材、人造石材等，价格低廉，防腐、防潮、耐磨等特性更佳。人造木材、石材等材料更加均质，没有疤、裂缝等天然材料常出现的瑕疵。另外，天然石材加工成曲面构件则必须经过切削，会浪费不少材料，而人造木材或石材可以通过压制成形，直接制成各种曲面的、带有复杂花纹的构件。

人工合成的材料是人为把不同物质通过化学或聚合的方法制成，材料的性质与原物质已完全不同，如塑料、合金等。合成材料也会因为生产过程中工艺的限制，造成材料本身存在一定误差。比如在制作武汉凯迪合成油主门卫屋顶构件时，采用聚氨酯泡沫作为模具。过程是将液态聚氨酯均匀地喷洒在钢材和玻璃钢型材制作的胎架上，液态聚氨酯遇到空气会迅速凝固，直至形成一定厚度的固态聚氨酯泡沫，再用数控机床进行切削形成模具形状（图7-30）。喷洒过程要均匀，否则会使凝固形成的聚氨酯泡沫不够密实、质地不均、有气泡，导致模具在使用时出现不均匀变形。因为这个工作是人工完成的，工人个体经验的差异将直接影响产品质量。所以对于人工合成的材料，在加工过程中要对生产工艺和操作人员进行严格把关，保证生产出来材料的质量。

图 7-30　聚氨酯泡沫发泡过程

### 7.6.2　加工工具误差

加工工具误差是由传统或数控加工工具本身，以及操作加工工具过程中产生的误差。工具本身误差是由工具的性质决定的，比如钻头的直径决定了钻孔的精度。减小工具本身误差需要选择精度较高的工具，但提高加工精度有时意味着延长加工时间、增加加工成本，在实际操作过程中应该综合考虑精度、工期和成本。比如采用刀具作为切削工具时，刀具的尺寸会直接影响切削精度，刀具钻头的直径从 2～20mm 不等，通过更换不同直径、形状的切削头，可以调节切削的效果和精度。在使用三维数控机床对块材进行切削时，一般在开始阶段使用较大尺寸的切削头对块材进行粗加工，尽快去除多余材料，之后再换成小尺寸的切削头进行精细的雕刻。

数控加工机器本身的误差，一部分是数控控制头的误差，这部分误差非常小，一般在±2mm 以内。另一部分为控制头上连接的切削用具造成的误差，切削用具包括刀具、激光束、等离子弧和水刀等。通过移动切割头、机床或两者同时移动，改变切割头和板材的相对位置，将板切割成所需平面形状。激光切割的切口很窄，只有约 0.1～0.5mm，是精度非常高的加工方式。等离子弧切割方式是借助高速热离子气体熔化，并吹除熔化的金属而形成切口，切口范围比较大，一般在 5mm 以上，精度稍低。

在人工加工或人工操作数控机器加工过程中，由人为因素产生的误差需要通过选择合适的操作方式、严格遵守操作要求来减少操作误差。相比于人工加工，选择数控加工方式能够更精确地制造构件。在操作数控机器过程中，构件的定位、切割用具的校准等工作都是由人工完成的，需要严格操作规程，减小这部分误差。

### 7.6.3　构件加工工艺误差

构件加工工艺误差是因加工工艺的原因，导致构件的实际尺寸与构件设计尺寸产生的差别。主要受到加工工艺的合理性、温湿度等操作环境、工人操作水平等因素的影响。在实际建造过程中，一个构件的加工往往需要多个工序，最主要的步骤通常采用数控加工，能有很高的精度，其他步骤是在数控加工得到的产品基础上，由人工完成后处理工作，其会受到人为操作水平的影响，产生一定的误差。

比如在武汉凯迪合成油主门卫的 FRP 屋面板单元建造过程中，虽然聚氨酯泡沫芯材是采用数控机床进行加工，理论上加工精度可达±1mm以内，但表面铺设FRP树脂纤维层以及涂腻子找平等后处理工作都是人工完成的，操作过程中泡沫模具也会有一些变形，所以FRP屋面板单元制造完成后的精度并不一定能达到设计要求的±3mm。抽取有条形窗洞的单元进行窗洞宽度的测量，发现5个条形窗洞相同位置的宽度，误差从－2～15mm不等，同一条形窗洞不同位置的宽度也有5mm的差距，不是均匀统一的。

构件加工工艺误差需要通过合理设计构件的加工工艺及质量控制要求，尽可能多地采用数控设备完成各个步骤的操作来减小误差，并且提前安排好构件加工的时间段，在合适的温湿度环境下进行加工。比如铺设FRP树脂纤维层在低温环境下不易凝固，影响加工质量，所以不宜在寒冷的冬季进行加工。人工操作步骤应对工人进行严格的培训，保证不同工人的完成质量都能达到要求。另外，在加工过程中需要实时抽检产品的完成精度，发现问题及时修改加工工艺方法。

### 7.6.4　构件变形

构件的变形从构件开始生产一直到建成过后一段时间达到稳定状态的过程中一直存在。构件变形包括在工厂加工过程中的变形、存放及工厂到现场运输过程中的变形、现场安装过程中的变形以及建成后的变形。各阶段的变形原因各有异同，需要针对不同阶段、不同原因提前制定预防变形的对策，对构件变形进行控制。

构件变形主要是由外力作用和内应力作用两类原因引起的。外力作用包括：构件因重力、风、雪、人等荷载引起的变形。比如在国家大剧院建造后对外壳钢结构变形进行了测定，结果反映竖向变形最大的位置在顶环梁的正北点，向下达到142mm的变形。这类变形在设计荷载范围内，不会影响到结构稳定性，但需要在设计中考虑，比如采取反拱设计、误差预留等措施。在建造过程中，构件的运输、存放、吊装、卸载等步骤都需要采取相应的措施，控制构件因荷载因素产生的变形。超过设计荷载、爆炸、冲击等作用会造成不可逆的永久变形，这类变形会影响到结构的稳定性，甚至会出现破坏坍塌的情况，一旦出现需要进行维修或重建。

内应力作用引起的变形主要是构件受温湿度变化影响所产生，包括由构件所处环境的温湿度变化，以及构件在建造过程中加热、冷却和焊接等工艺引起。比如焊接产生的误差，在设计阶段需要合理设计焊缝的位置、焊接坡口形式，在建造阶段严格遵守焊接工艺流程，尽可能在环境稳定的工厂内进行焊接工作，采取预防变形和反向变形的措施，科学安排焊接的顺序等。

实际加工和施工过程中，外力作用和内应力作用引起的变形往往同时存在，进行控制和校正前需要弄清产生变形的原因，分清主次关系，然后再采取相应措施，不可盲目单独针对某一种误差进行校正。

### 7.6.5　测量定位和精度检查误差

测量定位和精度检查误差主要是加工和施工过程中由测量仪器、测量方法、人为读数等产生的。目前施工中常用的定位测量方法为，应用GPS和数字水准仪、数字全站仪等地面测量仪器进行大尺度定位，配合卷尺、水平尺、铅垂线进行小尺度定位。精度检查除了采用与定位测量同样的方法外，近些年还利用三维激光扫描仪，其在较短的周期内不断发射激光束，激光接触到被测物体会返回仪器，由仪器根据返回的距离和时间计算出被测物体的三维坐标。然后将扫描的数据点坐标导入计算机中生成点云图形，与设计模型进行对比，求出测量值和设计值之间的差别，检查误差。

即使是数字测量仪器，也分别存在不同大小的误差。全站仪的精度根据仪器的型号进行区别，采用常用的 2 秒全站仪进行高程测量的理论精度为 2+2PPM，意思是固定误差为 2mm，测距误差 2PPM，每公里增加 2mm，比如测距为 100m 时，高程测量误差约为 2.2mm，1000m 时误差约为 4mm。HDS2500 型三维激光扫描仪的测距误差在 50m 内为 6mm，超过 50m 后仪器测距误差呈线性增加，在 200m 时达到 42mm。

造成测量定位和精度检查误差的原因有很多，以精度检查中应用的三维激光扫描方法为例，其产生误差的主要因素包括：仪器误差、目标物体反射面导致的误差、外界环境误差。仪器误差是由激光测距误差和扫描角度测量误差等系统误差造成的。目标物体反射面导致的误差主要受目标物体反射面、仪器角度及表面粗糙度的影响。温度、气压等外界环境因素也会对仪器的精度产生影响。特别是恶劣天气环境下影响比较大，不适合进行测量和扫描。

为了提高数字测量仪器的定位效率，并不是每个构件都有一个对应的定位参考线、参考点，往往是一个区域内共用一条参考线。定位参考线或参考点设置得越密，定位精度越高，但定位工作量越大，需要平衡两者之间的关系，在满足测量定位精度的基础上提高测量效率。

### 7.6.6　施工安装误差

在工厂加工完成的构件运至现场进行组装，会在定位、安装、调整等工序过程中产生施工安装误差。相比于在工厂进行加工，现场受天气影响较大，操作比工厂内难度要高。构件的现场组装基本由人工使用机械辅助完成，所以比起工厂内采用数控加工构件，安装过程中产生的误差控制起来难度会更大。

如钢结构的焊接，对于施工环境、工人技术要求比较高，需要尽可能在工厂内进行，然后在现场将构件通过螺栓、铆钉等进行连接。减少施工安装误差，一方面是要尽可能在工厂内预制好构件，减少现场的工作量；另一方面在施工前制定好施工方案，严格按照操作步骤进行施工，实时监控安装精度，保证施工质量。

在安装过程中，通过供误差调整的构造，小幅度调节构件单元的位置，虽然每个构件单元的位置与设计位置并不完全吻合，但通过调整使得整体曲面平滑连续。

## 7.7　制造和施工阶段的精度控制

为解决上节阐述的建造阶段的各类误差，本节将从制造和施工阶段的精度控制原则、误差监测方法，以及出现超过误差范围情况的解决方法等方面，阐述制造和施工阶段的精度控制方法。

### 7.7.1　制造和施工阶段的精度控制原则

在制造和施工阶段，进行构件加工和现场拼装，需要遵循制造和施工阶段的精度控制原则，包括构件加工数字化、构件组装精简化、工序安排合理化、误差监测常态化等，使得建造工作能够高效、高质量完成。

### 1. 构件加工数字化

随着我国人口红利的下降，人口老龄化加剧，年轻劳动力正在减少，人工费用也在不断上涨。如今欧洲建筑建造工业化程度非常高，一方面是因为欧洲国家工业化水平高，另一方面也是人工成本非常高，需要机器来代替，降低成本。对于非线性建筑来说，因为构件是非标准的，需要定制化生产，利用数控机器进行加工是最精确的方式。但目前数控机器的一次性投入比较大，国内只有部分厂家拥有相应的设备，主要原因是我国还是以廉价劳动力为基础进行生产加工。未来数控机器随着技术的进步成本会不断下降，同时人工成本会不断上涨，构件加工数字化、工业化也将成为主流方向。

### 2. 构件组装精简化

非线性建筑构件复杂，需要简化组装的步骤才能提高组装效率及精度。构件组装的基本步骤是定位、安装、调整、校核。其中前三步可以通过构件连接节点设计，降低组装难度，缩短工作时间。

### 3. 工序安排合理化

加工和施工的各个步骤之间并不是简单的线性关系，有些工作是可以同时进行的。非线性建筑建造涉及的工种非常多，同一种材料、不同形态的构件也可能由两个厂家加工，比如武汉凯迪合成油主门卫的曲面玻璃幕墙和平面非标准玻璃幕墙，就是由两个不同厂家加工的。同一时间在工地现场，有时会有多个施工单位进行施工，如何协调好各自的施工顺序，材料、工具的存放地点，吊机、电源、脚手架等的使用，可以提高效率、节省工期。

### 4. 误差监测常态化

实际组装过程中，一般是集中使用测量仪器、工具进行划线定位，安装构件时以划线定位或连接件为参考标准进行连接，而不是每安装一个构件就用测量仪器定一次位置。构件安装过程中会发生变形，变形随时间的变化而变化，不是简单的线性关系，所以误差监测需要间断进行。以满足精度为前提，合理安排误差监测的周期，达到误差监测效果的同时，节省一定的工作量。当误差监测过程中出现误差超过设计要求的情况，应该及时采取相应策略，纠正误差过大的位置。

## 7.7.2　误差监测方法

在加工和施工过程中对误差进行监测，能够及时发现问题并解决。误差监测首先要根据工地现场情况、周围环境、施工方案等进行详细了解，并与参与建造的各方进行沟通，制定合理的误差监测方案，包括监测内容、监测点的布设、监测精度以及监测周期等方面。监测内容是根据施工现场情况、误差来源等方面，确定监测的目标及监测方式。监测点的布设要综合考虑经济性和精确度，用最少的测量仪器和人力达到误差监测的要求。监测点应布置在结构关键位置，如最大应力或最大变形出现位置，并且易于通视、安全，方便观察。监测精度的确定主要依据监测结果能否反映建筑物的误差情况，在监测之前需要预估建筑的误差，比如变形、安装误差等方面，工程中一般精度要求为预估误差的 $1/20\sim 1/10$，或 $1\sim 2mm$。误差监测并不是连续不断的，以满足精度为前提，合理安排误差监测的周期，达到误差监测效果的同时节省一定的工作量。

以 CCTV 大楼钢结构的误差监测为例，监测内容为钢结构变形监测、转换桁架测量、悬臂的预控及施工缝的监测。轴线控制点引出观测贴片，通过高精度的激光垂准仪确定控制点高度，这种垂准仪在 200m 距离的中心光斑直径不到 10mm，方便对准贴片的中心位置，保证测量精度（图 7-31a）。核心筒钢柱的水平方向变形，通过全站仪对钢柱上的反光贴片进行监测，发现问题及时校正（图 7-31b）。

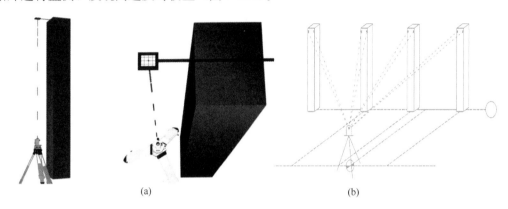

图 7-31　CCTV 大楼钢结构误差监测方法

（a）主控制点垂直引测示意图；（b）核心筒钢柱测量校正

### 7.7.3　超过误差范围情况的解决方法

在部分项目的加工和施工过程中，由于设计考虑不周或施工质量不佳等原因，会出现实际误差超过设计范围的情况，简称超差。为应对这种问题，会根据实际情况选择调整建成部分的构件，以及在建造过程中临时调整设计使建成后满足设计要求这两类方法。选择何种方式解决超差问题，需要综合考虑误差大小、分布范围、处理误差难度、成本工期等多个方面。一般情况下，选择前一种方式对误差进行纠正，临时调整设计牵一发而动全身，不到万不得已不选择这种方式。

#### 1. 调整建成部分的构件

出现超差问题，首先利用供误差调整的构造进行调节，即使不能完全将误差调整到设计要求范围内，也能尽可能缩小误差。由施工不当引起的集中在局部区域的误差，在工期和造价允许的情况下，采用拆除这一部分进行重建的方式能从根本上解决问题。螺栓连接的建筑构件因为拆装方便，最适合用此方式。但对于焊接的金属构件，拆卸工作量很大，而且会在一定程度上破坏构件，需要重新制作非标准构件，工期和成本都会增加不少。这种情况下，会利用乙炔火焰加热钢管使钢管软化易于变形，然后通过倒链、千斤顶等工具在工地现场对构件进行变形校正来减小误差。这种方式的效果不易保证，可调整的空间不大，同时加热变形的钢管冷却后往往会收缩回到原先的形状。比如武汉凯迪合成油主门卫钢结构现场拼装过程中因为局部定位错误造成误差过大，安装 FRP 屋面板原本应该紧密贴合在钢管外侧，但中间有 80mm 左右的缝隙。利用上述方法进行校正后，缝隙仍然十分明显。因为工期造价限制又无法拆除重建，只能利用腻子将缝填实，然后涂刷白漆，从视觉上模糊缝隙的存在感（图 7-32）。

(a)                    (b)                    (c)

图 7-32　钢结构校正方法

**2.** 调整设计

当通过调整建成部分的构件无法将误差缩小至规定范围或代价极大时，在保证建筑使用功能和结构稳定性等条件下，只能在有较大误差的建成部分的基础上临时调整设计，以相对较小的代价让还未建造的部分依照已建成部分的形态进行设计建造，或是增加额外的构造弥补超差带来的问题。

调整设计前，首先要对误差较大的建成部分进行精度测量，了解不同位置误差的具体情况。较简单的处理方式是增加一些误差隐藏构造，遮盖住误差较大的部分，从视觉上消除误差，但实际误差是存在的。采用增加误差隐藏构造的处理方式的前提是出现的误差不影响建筑的使用功能、结构性能等要求，主要考虑视觉美观因素，通过腻子、胶、扣板、压条等遮盖住误差产生的不均匀的缝隙或不平整的表面。比如武汉凯迪合成油主门卫的地面与幕墙底部之间，距离超过设计值近 100mm，幕墙底部的角钢支撑件（图 7-33a 虚线框）在铺了地板后仍会露出地面，并且不同地方露出的多少不同，十分不美观（图 7-33b 虚线框）。原本设计效果是从室内看，玻璃直接插入地面，非常简洁干净，但因为部分区域露出了支撑件，不得不临时在所有玻璃幕墙底部增加不锈钢角钢踢脚，保证整体效果。增加踢脚线从视觉上消除了幕墙底部高低不平的误差，但额外增加了工期和造价。

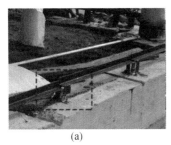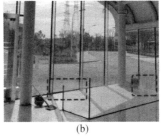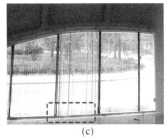

(a)                    (b)                    (c)

图 7-33　幕墙误差的隐藏方法

当工程进行到一半发现建成部分误差较大，剩下与它连接的构件如果还没有全部加工，应当先暂停加工。根据对建成部分误差的测量结果，调整未加工的构件形状。避免按照原先形状加工完却安装不上，然后再返工造成更大的时间和金钱的浪费。比如武汉凯迪合成油主门卫 FRP 屋面板是通过钢结构上提前焊接的连接件固定在钢结构上的。因为钢结构安装误差，造成 FRP 屋面板两侧连接件之间的宽度小于屋面板宽度，屋面板被连接件挡住，无法放置到指定位置（图 7-34a）。为解决这一问题，一方面将安装不上的 FRP 屋面板周围的连接件切割掉重新焊接，保证屋面板能安装上；另一方面对于未加工的 FRP 屋面板单元根据对钢结构的测量，调整屋面板的形状，再按照新的形状进行加工，最终经过调整所有屋面板都能安装到位（图 7-34b）。

(a)  (b)

图 7-34　FRP 屋面板安装误差调整

## 本章小结

本章深入探讨了数字化设计与实际建造过程的对接问题，展示了 BIM 技术在优化施工流程、提高建造效率和质量方面的巨大潜力。通过学习本章内容，读者不仅能够理解建造对接的重要性，还能掌握 BIM 在施工模拟、进度管理、资源调度等方面的具体应用方法。同时，本章还分析了建造对接过程中可能遇到的技术挑战，并提供了相应的解决方案，为读者在实际项目中应用数字化建造技术提供了宝贵的参考。通过本章的学习，读者将能够更好地将数字化设计成果转化为高质量的建造成果，推动建筑业的转型升级和高质量发展。

## 思考题

1. 建造技术是如何影响建筑设计的？
2. 面对新技术，设计师该做出怎样的转变？

新技术驱动工程设计

**知识图谱**

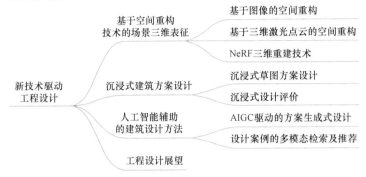

新技术驱动
工程设计

- 基于空间重构
技术的场景三维表征
  - 基于图像的空间重构
  - 基于三维激光点云的空间重构
  - NeRF三维重建技术
- 沉浸式建筑方案设计
  - 沉浸式草图方案设计
  - 沉浸式设计评价
- 人工智能辅助
的建筑设计方法
  - AIGC驱动的方案生成式设计
  - 设计案例的多模态检索及推荐
- 工程设计展望

**本章要点**

知识点 1. 新兴技术对工程设计领域的深刻影响。

知识点 2. 智能设计算法。

知识点 3. 数据驱动的决策支持。

知识点 4. 物联网在建造过程中的应用。

知识点 5. 区块链技术在工程设计中的作用。

知识点 6. 新技术驱动下的工程设计未来发展趋势预测。

**学习目标**

（1）了解新兴技术对工程设计的影响：认识到人工智能、大数据、物联网、区块链等新技术在工程设计领域的潜在应用价值。

（2）掌握智能设计算法：学习智能算法（如遗传算法、神经网络等）在工程设计中的应用，理解其如何优化设计方案、提高设计效率。

（3）理解数据驱动的决策支持：探讨如何利用大数据分析技术从海量数据中提取有价值的信息，为工程设计决策提供科学依据。

（4）学习物联网在建造过程中的应用：了解物联网技术如何实现实时监测与反馈，提高施工过程的透明度和可控性。

（5）认识区块链技术在工程设计中的作用：分析区块链技术在保障数据安全性、透明度和可追溯性方面的潜力。

（6）探讨未来发展趋势：结合案例分析，预测新技术驱动下的工程设计未来发展趋势，为行业创新提供参考。

在信息技术不断发展完善的今天，越来越多的工具和方法被应用于工程设计中。在从平面到立体、二维到三维的设计革新过程中，诸如 BIM、虚拟现实、三维点云、人工智能等技术能够更快捷、更直观地表达设计方案，极大地丰富了工程设计的信息维度与容量，设计人员能够从不同的视角观察设计方案，进行统筹决策。

本章将列举一些应用于工程设计的新技术，探讨其实践意义与未来发展趋势。

# 8.1 基于空间重构技术的场景三维表征

## 8.1.1 基于图像的空间重构

图像实景建模是通过拍摄实景照片，将一组照片进行像素识别，然后根据算法进行空中三角形（估计相机的拍摄位姿）计算，实现同一个物体的不同角度拍摄的同一个部分的像素匹配，创建三维模型。按照拍摄照片的拍摄手法，可以分为倾斜摄影和近距离摄影。

### 1. 倾斜摄影

对于大型建筑物，城市街区等广域空间建模一般采用倾斜摄影，其能够实现较高精度（3~5cm）带有纹理的建模，可采集建筑屋顶、外立面等常规方法难以拍摄的部位。倾斜摄影测量技术颠覆了传统航拍摄影领域，通过在飞行平台上搭载多台航摄仪（或传感器），同时从垂直、倾斜等多个不同角度拍摄，融合了正摄和斜摄的影像。其纹理信息丰富且覆盖了建模区的各个角度，可以较好地满足实景三维建模需求（图 8-1）。

图 8-1　无人机与倾斜摄影作业流程

该技术具有三大特点：首先能够真实反映地物情况并支持量测功能，有效增强了三维数据的真实感；其次，通过批量提取数据和贴纹理的方式，显著降低了大型街区建筑建模成本；最后，借助飞行器快速采集数据并结合自动化建模流程提升了工作效率，缩短了任务耗时。

基于图像的三维重建过程包含三个关键步骤：特征点提取、稀疏点云和稠密点云生成（图 8-2）。首先，通过特征点提取算法，从图像中找到具有独特特征的点，如角点、边缘等，这些点能够在不同图像中准确匹配。接着，通过这些特征点的匹配和相机位姿参数，生成初始的稀疏点云，勾勒出目标物体的大致轮廓和位置信息。随后，利用更多的图像信息和像素级的匹配，通过立体匹配、光流等算法，逐步完善稀疏点云，生成更为丰富、更密集的稠密点云模型，提供了更精确的物体表面形状和结构细节。这一连串过程依赖于图像间的特征点匹配和三维重构算法，从图像特征到三维模型，逐步还原现实世界的场景或物体。每个步骤都是为了获得更准确完整的三维信息，为后续的建模、分析或可视化提供更可靠的基础。

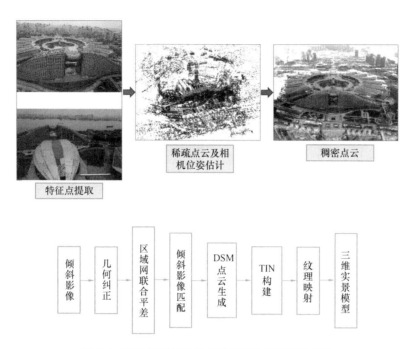

图 8-2　基于倾斜摄影图像建模的关键步骤及流程

在历史建筑修复更新过程中，倾斜摄影能够捕捉到建筑物立面和细节的高分辨率影像，提供对历史建筑立面、雕刻、装饰等细节的全面记录。这种细致的视角不仅有助于准确评估历史建筑的结构状况和损坏程度，还能支持工程师和修复专家们在修缮过程中进行更精准的规划和决策，保留和恢复建筑物原有的历史风貌和特色。图 8-3 为某历史建筑通过无人机倾斜摄影的图像建模。

图 8-3　无人机倾斜摄影及点云重建得到的实景场地模型

近几年，倾斜摄影测量技术得到了迅速发展。由于倾斜摄影测量技术能够获取建筑物、树木等地理实体的纹理细节，不但丰富了影像数据源信息，同时高冗余度的航摄影像重叠为高精度的影像匹配提供了条件，使得基于人工智能的三维实体重建成为可能。

**2. 近距离摄影**

近距离摄影依赖摄影设备捕捉图像，通常用于捕捉构件级图像。由于其近距离获取的高分辨率图像能够呈现建筑物表面的微观特征，因此适用于纹理丰富、形状复杂的建筑元素。修缮专家可以利用这些细致的图像数据来分析建筑材料的状况、识别损坏部位，制订精准的修复计划，以确保修复工作的精准性。在历史建筑修复工作中，对于一些重要的构件，为实现高精度（约 5mm）且带纹理的建模，通常采用手持式移动终端（如 GoPro，图 8-4）进行采集，以便更准确地还原雕刻、色彩、质地等具有历史文化意义的特征。

图 8-4　GoPro 与建筑局部构件模型

近年来随着技术的不断进步和摄影设备的发展，近距离摄影在设备轻便化、模型精确化、操作便捷化等方面表现出色，在三维重构领域展现出巨大应用潜力。目前已有很多研究将倾斜摄影与近距离摄影结合起来，获得全景视角下的高精度细节信息，从外部到内部的每个细节都被完整记录，提供多角度、多尺度的数据集，兼顾全景的广度和局部的深度，使得建筑物的复杂结构和细节得以更精准地重建。

## 8.1.2　基于三维激光点云的空间重构

三维激光扫描技术的原理是利用激光碰撞物体表面获得信息，然后生成点云数据，该方法创建实景模型的精度较高，一般用于测绘、建筑测量等需要精密测量的领域。

图 8-5　三维激光扫描仪

地面三维激光扫描系统由地面三维激光扫描仪和系统软件、电源以及附属设备构成。如图 8-5 为常见的三维激光扫描仪，其构造主要包括：一台高速精确的激光测距仪、一组可以引导激光并以平均角速度扫描的反射棱镜、内置的数码相机，可以直接获得目标物的影像。通过转动装置的扫描运动，完成对物体的全方位扫描，然后进行数据整理，通过一系列处理获取目标表面的点云数据。

相比倾斜摄影等基于图像的重构技术，三维激光扫描技术能够穿透一定的建筑结构体，从而不受限于视角，进行全方位的数据捕获。面对复杂建筑、工程环境时，尤其是遮挡物较多且需要对建筑物内部进行建模时，激光扫描可以快速获得大量细节，提供非常详细精确的几何信息。三维激光扫描流程如图 8-6 所示。

原始点云数据需要经过一系列的处理才能够使用，处理的目的是尽量减少点云数量，提取有用的信息，创建更精确、轻量的三维模型。处理后的点云数据方可进行实景建模，步骤如图 8-7 所示。

根据不同的建模粒度可以分为建筑级扫描三维建模技术、房间级扫描三维建模技术和构件级扫描三维建模技术。前文提到建筑级、构件级扫描可以通过基于图像的空间重构方法，而面向室内复杂空间且室内面积较大的建筑则可以通过三维激光扫描。例如可以使用车载激光即时定位与地图构建（Simultaneous Localization and Mapping，SLAM）实现中等精度的实时建模（图 8-8），也可以采用站立式三维激光扫描建模（图 8-9），实现高精度实时建模以及核心要素的精细化建模。

现场踏勘、制定设站方案

设站、数据采集

获取原始数据

点云配准拼接

点云去噪抽稀

格式转换与应用

图 8-6　三维激光扫描流程

### 8.1.3　NeRF 三维重建技术

除了传统的三维重建技术之外，神经网络也逐渐成为三维重建领域的重要手段。卷积神经网络通过其局部感受野、权值共享和空间池化等特性，在图像处理领域展现出强大的性能优势。研究者们开始将基于图像的三维重建转移到深度学习的方法上，并且在实验中取得了极佳的效果。基于学习的三维重建算法大多基于二维图像，考虑到点云与网络在结构上的不均匀性导致其转移到神经网络中尤为困难，而

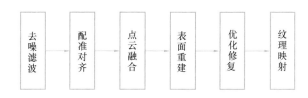

去噪滤波 → 配准对齐 → 点云融合 → 表面重建 → 优化修复 → 纹理映射

图 8-7　激光点云处理及实景建模

图 8-8　车载激光 SLAM

图 8-9　建筑整体及室内三维激光点云模型

利用体素网络对三维物体进行参数化表示则可以很轻易地将深度学习中的二维卷积扩展到三维，因此基于体素的重建方法在深度学习中更为适用。神经辐射场（Neural Radiance Fields，NeRF）则是体素重建的典型代表。基于图像的损失计算方法使神经渲染的结果更趋近于观测图像，通过图像与相机参数生成体素，并不断训练调整体素重建效果，最终能够渲染得到趋近真实的结果。

与一般的深度学习方法不同，NeRF 不是在训练网络之后用既定的网络参数测试结果，而是在训练过程中逐渐优化体素，完成体素的隐式表达，从而获得新视角下的渲染结果。NeRF 的工作流程主要分为两步（图 8-10）：体素重建和体素渲染，作用分别是从输入图像中重建三维场景的几何结构和密度信息、使用重建的体素表示来合成新视角下的图像。

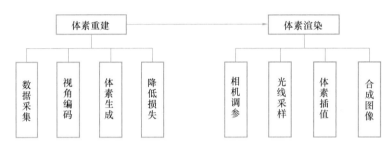

图 8-10　NeRF 工作流程

例如，根据一组连续拍摄的拖拉机乐高模型图片以及其对应的摄像机内外参数作为输入，NeRF 模型训练过程中会根据空间点坐标与观测方向求解密度值、预测对应的 RGB 值。完成训练后将会输出该乐高模型的 3D 表示（图 8-11），包含结构与颜色信息，并根据实际需要做进一步处理和应用。

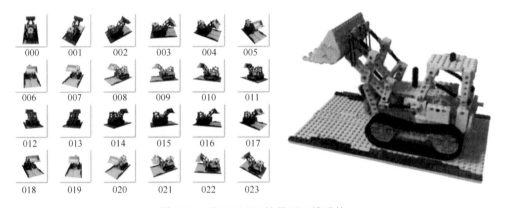

图 8-11　基于 NeRF 的模型三维重构

## 8.2　沉浸式建筑方案设计

虚拟现实（Virtual Reality）技术是一种可以创建和体验虚拟世界的计算机系统。这种系统生成的各种虚拟环境（Virtual Environment）作用于用户的视觉、听觉、触觉，使用户产生身临其境的感觉并沉浸其中。而虚拟世界则是这些虚拟环境或给定仿真对象的集合。由于虚拟现实具有沉浸（Immersion）、交互（Interaction）和构想（Imagination）三大特性，其非常符合设计过程中人们对建筑的观察、互动和评价等功能需求，因此近年来国内外出现了许多利用虚拟现实技术作为辅助建筑设计的解决方案（图 8-12）。

图 8-12　HTC Vive 与历史街区沉浸式漫游

由于早期建筑设计具有抽象和模糊性，传统的建筑设计工具使得各参与方在设计早期参与的程度和发挥的作用受到限制。设计师在设计过程中不断学习和理解设计要求和任务书，各参与方和委托方也在尽量理解建筑设计师的设计方案，各参与方之间缺乏直接和高效率的交流。引入虚拟现实技术能在全尺寸建筑完成前就确定具有重要影响力的因素，增强建筑师和各参与方的交流，尽可能多地掌握建筑方案信息，降低管理成本和风险。同时，沉浸式的设计评审扩展了评审视角，评审者更易发现人因工程等隐性缺陷。近年来VR 技术相关的软硬件性能得到较大提升，在增强建筑设计师对环境和任务的理解、提高建筑方案的质量和设计效率上具有较大潜力。

## 8.2.1　沉浸式草图方案设计

建筑工程的设计工作包括方案设计、初步设计和施工图设计三部分。方案设计处于一个较早的阶段，一般由六个基本步骤构成（图 8-13）：

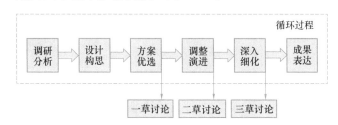

图 8-13　建筑方案设计基本步骤

首先通过调研分析对设计任务和相关信息资料进行深入分析，在此基础上提出设计理念并将其具象化形成设计构思，然后对多个设计方案进行对比选择以确定最优方案，接着对选定方案的重点部分进行调整和突出表达，继而进一步细化和完善设计细节，最终将完整的设计方案以形式化的方式呈现出来。

在方案设计的多个阶段都需要利用草图进行方案的推敲构思和过程性的成果表达。目前建筑草图设计使用的传统工具主要有三类，一类是在白纸上进行素描，绘制草图；一类是建筑实体模型（也称作比例模型或者草模），一般使用剪纸、折纸，用纸板、木材和泡沫塑料等材料制作缩小比例的草模；还有一类是计算机辅助设计软件，例如用 SketchUp、Rhino、Maya、3Dmax 等完成绘制。然而这三种方法均存在不足（表 8-1），会影响草图设计的效率与设计师意图表达的完整性。

基于虚拟现实的建筑草图设计（图 8-14）作为一种补充工具来弥补这几种工具的不足。VR 具有提供多感官沉浸的能力，提供身临其境的感觉，使建筑设计师对环境的感受和了解更加充分，减少到实地环境中考察的成本和时间，从而有更多精力进行设计方案的推敲和迭代。同时，VR 的可交互性使设计师能对模型直接进行实时操作，以全景视角和实际尺度感受、比选方案。

纸上素描、比例草模、CAD 工具各自的优点和不足                      表 8-1

| 工具 | 优点 | 缺陷 |
| --- | --- | --- |
| 手绘草图 | 容易学习、便于使用 | 缺乏空间感、可视化程度较低、格式不便于使用 |
| 建筑实体模型 | 能传达空间感受、尺度概念、材质和光影等真实效果 | 制作模型难度大、材料的有限性、模型的保存和格式问题 |
| CAD 工具 | 高可视化能力、能缩放和平移，以不同视角观察和操作 | 学习曲线陡峭、使用较复杂、缺乏空间感 |

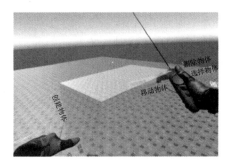 

 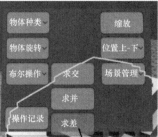 

图 8-14　VR 草图设计系统

作为一种新的设计工具，沉浸式草图设计系统可以在很大程度上改变传统的建筑草图设计过程，弥补传统设计工具在学习曲线、空间感、尺度感、耗费时间和精力、对场地信息的理解方面的不足（图 8-15）。它将改变设计师思考问题的方式和切入问题中的角度：建筑师将对以往的模型平面、模型立面、模型剖面和三维模型的模式产生改观，能直接在实景环境下去观察模型的内外面，对模型的了解更加细致和充分。同时，虚拟现实技术的运用，能让建筑设计师之间的沟通交流更加顺畅，使得参与各方对设计方案的沟通更加有效，更加积极地配合设计工作。建筑设计师的工作成果也会更加符合用户的需求，更加人性化。

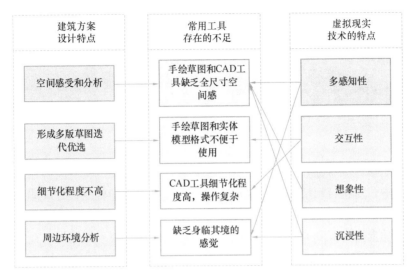

图 8-15　VR 对传统草图设计工具缺陷的改善

## 8.2.2　沉浸式设计评价

设计评价是设计管理工作的重要部分，传统的评价展示方式是以 CAD 图纸作为观察和讨论的对象，根据项目需求对设计进行评估，面向业主、用户及其他非设计专业人员的设计方案演示，从而更好地表达设计意图、完善设计方案、满足用户需要。目前较多使用的评价载体包括二维图纸、三维模型和实体模型等（图 8-16）。然而这些传统的方式提供的观察视角有限，评审者与建筑模型的交互能力也较弱，给人因缺陷等隐性问题的探查带来了困难。

图 8-16　几种常见的设计评价载体

在沉浸式虚拟环境中表达的 BIM，即沉浸式 BIM，极大地拓展了数字化设计评审的边界：一方面不仅可在虚拟环境中以真实空间比例展示设计模型，使参评人员能够亲身体验设计的空间特性，实现"体验式"评价。另一方面，用户"走进"建筑，在设计原型中模拟实际使用的情景，验证预期功能，非专业参与方与设计师能够进行有效沟通，实现"参与式"评审。如图 8-17 所示，评审人员佩戴 VR 头戴显示器（Head-Mounted Display，HMD），以虚拟三维空间为评审环境，通过运动控制器（即手柄）完成与设计模型的交互和批注。

图 8-17　"BIM＋VR"的评价方式

由于 VR 能够提供身临其境的沉浸感与真实感，用户在和现实空间等比例、等尺度的虚拟三维空间中，对构件尺寸的估计更加准确，更容易发现隐性的设计缺陷。此外，基于共享虚拟环境的评审系统在一定程度上提升了多用户的交流效率，在虚拟环境下各相关人员间的沟通互动更加直观和有形，当 VR 与其他可视化媒体技术如图纸、数字模型和效果图等结合时，设计评审会议可以产生更有效的讨论并具有更高的会议效率。与桌面界面相比，VR 设计评审中大众和设计专业人员的评价表现结果并无太大差异，尤其是评价对象为复杂建筑模型时。参评者不再需要通过鼠标和快捷键来实现对模型的操作和在同一二维界面下完成评论任务，而是以 HMD 作为浏览终端并通过手持控制器的简单操作实现批注评论，自然人机交互的方式可以降低用户对专业知识或软件操作能力的要求。

## 8.3　人工智能辅助的建筑设计方法

### 8.3.1　AIGC 驱动的方案生成式设计

人工智能生成内容（Artificial Intelligence Generated Content，AIGC）是采用人工智能实现自动化创作的一种技术，计算机可以自动为用户生成文章、图画、音乐等多种形式的创意作品，满足用户多样化的需求，而多模态的生成内容则可以运用到建筑师具体的设计任务流程中。

在 AIGC 中主要有两种方法：基于关键词的方法和基于深度学习的方法。前者需要人工编写生成场景的关键词，根据关键词自动进行创作；后者则直接将大量的数据输入深度学习模型中，通过自我学习生成创意内容。其中，背后的模型内容包括循环神经网络（Recurrent Neural Network，RNN）和 Transformer 模型等，这些模型可以利用生成式对抗网络（Generative Adversarial Network，GAN）和变分自编码器（Variational Auto-Encoder，VAE）等技术进行训练和优化，以生成最佳方案。使用最为广泛的模型是 Midjourney 模型和 Stable Diffusion 模型，它们都是基于二维图像生成的。Midjourney 模型的主要特点是利用图形式数据之间的信息传递机制，在大规模无监督样本上建立了稳健的图卷积网络框架。通过在 GCN 中嵌入具有标记分类结构的生成网络，从而实现生成准确图形式数据的目的。Stable Diffusion 模型是一种就地修正的图片数据生成方法，其生成模型可以分为匹配网络和扩散网络两个主要部分，通过一种先进的匹配策略，使其能够准确地匹配各类异构图结构。此外，在3D生成方面还有Point-E、Dreamfields-3D等模型，详见表8-2。

AIGC技术中常见的模型

表8-2

| 模型名称 | 输入类别 | 生成类别 |
| --- | --- | --- |
| Midjourney | 文字/图片 | 2D图片 |
| Stable Diffusion | 文字/图片 | 2D图片/视频 |
| DALL-E | 文字 | 2D图片 |
| Point-E | 文字 | 3D点云模型 |
| Dreamfields-3D | 文字/图片 | Obj模型 |

以DALL-E为例，它是由OpenAI开发的能够根据文本描述生成多样且创新图像的AI模型，在建筑草图生成方面具有巨大潜力，通过输入简单但具体的文字对模型训练进行约束，从而生成符合要求的多样化结果。如图8-18所示，在对话框输入关键词"新古典主义建筑""一栋别墅""白色""概念图纸"等，经过文本描述到关联图像的映射，即可输出符合关键词描述的草图模型。

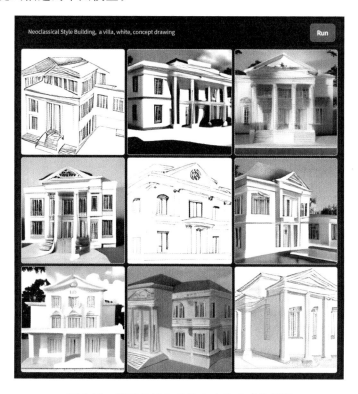

图8-18 基于DALL-E的文本生成建筑草图

除了能在设计早期为设计团队提供灵感和创造性的起点，还能对设计初步方案进行快速迭代和验证。例如通过Stable Diffusion将草图作为图片输入，模型将对其进行具象化，根据"骨骼"丰富"血肉"。在正向关键词中输入"白色别墅""新古典主义建筑""3D"

"两层"等，负向关键词中输入"简陋的"进行双向约束，则模型能够以草图为基本骨架不断迭代生成符合正负描述的更为详尽的建筑效果图（图 8-19）。

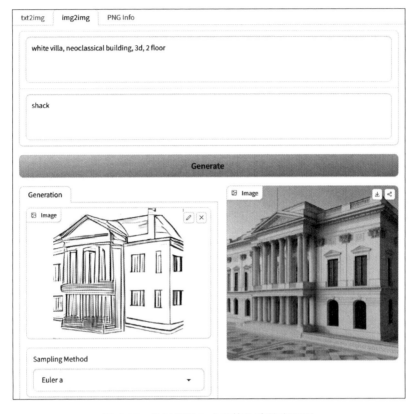

图 8-19　根据草图生成具体的建筑表现图

随着模型对人类语言和视觉的理解不断加深，AIGC 能够更准确地将设计师的概念想法转化为视觉化的图像，从而提高设计沟通和理解的效果，为设计师带来更多创新的机会和设计探索的可能性。

### 8.3.2　设计案例的多模态检索及推荐

#### 1. 案例数据库的搭建

基于案例推理（Case-Based Reasoning，CBR）是 20 世纪 80 年代后期发展起来的一项人工智能新技术。如今 CBR 作为人工智能的一种推理技术，已经在许多工程领域得到成功应用。其核心思想是对人们过去的经验和知识进行结构化存储，并根据其进行相应的判断与推理。

建筑设计项目完工后，在此期间所经历的各种事件，所遇到的各种问题，特别是解决方式以及形成的多种成果文件，例如说明、图纸、模型、规范等信息，这些均是个人与企业的珍贵资源。开拓案例推理技术在建筑设计领域的应用，使得更多的设计师通过对以往方案信息的再学习，挖掘旧知识和信息资源的潜力，减少不必要的重复解决相同问题的时间，形成快速而贴切的问题解决思路。

案例推理的载体是案例库，因此必须考虑构建结构合理的推荐案例库。案例推理中的案例库是由许许多多的案例组成的，所以案例在库中的存储方式、组合状况会直接影响案例的搜索和匹配，案例推理中的案例库需要有一定的概括性，能够反映出存储的案例的特性。一个合理的案例库应能够通过有效的组织方式和逻辑架构，让使用者方便而快速地检索到相似的案例信息，有效提取所需知识，并能够保证相关信息存储的效率。因此，在建立案例库时需要明确案例库的组织原则，包括可扩充、灵活机动、利于维护、高效便捷。

以历史建筑信息建模（HBIM）为例（图8-20），构建 HBIM 多维数据库需要对历史建筑的风貌要素进行结构化，使之基本涵盖与历史建筑文化价值有关的所有信息。一个 HBIM 数据库由四个维度构成（图8-21）：

图 8-20　汉口历史风貌 HBIM 数据库平台

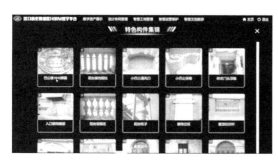
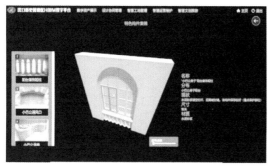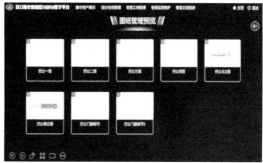

图 8-21　HBIM 数据库的四个子库

（1）构件库，由历史建筑的材料属性、形状尺寸、设计风格、艺术特征等构件信息组成，可以科学地指导构件的建造、保存和维修。

（2）病害库，包括病害种类、病害分布、病害形成机理和劣化机制等。依据建筑病理学，将病害按学科分为三类：建筑病害、结构病害和设备病害，然后根据病理部位和表现进行进一步细分。

（3）工艺库，涵盖建造和修缮工艺，包括修缮施工工艺标准和特色做法。

（4）现状库，对历史建筑的各种数据进行整理和汇总，为监测和维护提供有力保障。同时，也可以作为基础数据，帮助制定建筑更新和利用的设计方案。

**2. 多模态检索**

通常来说，我们对未知事物的认识来源于对其各个方面的属性特征的把握和判断，用能够更便于理解的细部掌握整体，因此将设计方案按照元素进行分割和定义对于了解整体方案会起到至关重要的作用。一个包含内部特征元素不全面的案例若出现，检索时案例库的准确度会因此降低，如果一个案例包含过多的冗余元素，则会降低检索的效率、影响计算，同样检索的精确度也因此不能保证。所以需要结合领域内部的知识信息构成，进行严谨的案例属性设计，确立设计方案元素，从而有助于较全面地认识问题，高效且有针对性地寻找解决方案。

依据建立索引的三原则进行案例分类有助于更好地实施检索。首先，应当依据所在领域建立特定的索引；其次，建立的索引应具备一定的概括性；最后，索引应能够相互自我区别，具体描述案例属性。案例元素的表达实际上是对设计经验的外在化表现，包含两个方面：设计过程的描述以及设计结果的呈现。对于建筑设计方案，构成比较复杂，依照所得数据可以采用分层树形结构，将建筑设计方案进行层次划分。同时需要对各个子方案库进行分层，建立建筑方案设计特征属性索引树以提高检索效率。

例如在历史建筑案例检索过程中，由于每个建筑对应的数据类型包含文本和图像两种，首先需要通过合适的特征提取模型对文本和图像分别进行编码，并将提取到的特征向量存入库中，以便之后与输入数据的特征向量进行相似度计算。

**3. 基于单、多目标的检索推荐算法**

案例的检索指的是从现有的库中结合当下面临的新情况找到同新案例各属性近似的源案例，这个找到的案例需要与新案例的描述语句相对应，是与新案例各个元素都最为接近的案例。检索的开始需要分析新的案例特征，建立新案例的描述元素，检索的终止以找到案例库中最为相似的案例为截止。这一过程实质是模拟人脑推理的类似过程，在遇到新的情况时，将新的情况进行简化分析，建立描述新情况的特征体系，使之与记忆中情况的特征进行匹配，找到最相关的例子。因此，合适的检索方式决定了案例检索的效率和质量。案例推理的基本流程如图 8-22 所示。

案例检索工作主要分为两个部分：案例属性权重的计算以及案例相似度的计算。具体内容为：根据一定属性权重确定

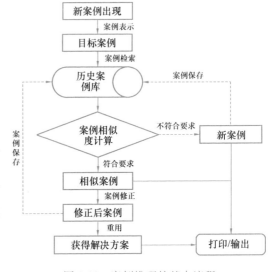

图 8-22　案例推理的基本流程

算法得出历史案例库中各个特征属性权重；提取新发生问题的特征属性，并与历史案例库

中各案例的特征属性进行比较，找到与目标案例相似度处于阈值范围内的案例，应用历史案例解决问题的方法来解决新出现案例的问题。在检索时，当检索出的符合案例数量较多时，要根据实际情况设定选择的标准（即设定阈值），选取合适的历史案例；当检索出的历史案例无法解决当前新问题时，要对历史案例进行修正，从而使其满足要求。其中案例检索策略的选择在很大程度上决定了案例匹配的效率与准确性。

目前案例推理系统中有几种比较常用的检索方法：最近邻法、知识引导法和归纳引导法。最近邻法是在案例推理中使用最多的、范围最广的一种方法，其核心是通过比较目标案例的各个属性与案例库中源案例的各个属性的距离，找到距离最接近的案例。在案例不是很多的小型案例库条件下，该方法较为适用，使用起来也较为方便，缺点是由于很大程度上案例属性的权重需要依赖专家，主观性较强。实际应用中通常混合使用检索的多种方法用来弥补检索算法自身的缺陷，提高案例推理中案例检索的匹配度和效率。

用户在检索过程中可能具有多个检索意向，多目标决策是传统运筹学一个常用且具有挑战意义的分支领域，其根据决策背景综合分析多个相互间可能存在分歧甚至矛盾的目标，同时结合统计学思想、运筹学方法、管理科学以及最优化理论，最终对多种备选方案进行排序之后择优选择的方法理论体系。具体的多目标决策方法包括方案初选决策法、线性分配法、灰色关联投影法、基于理想点的 TOPSIS 法等。

## 8.4 工程设计展望

在建筑设计领域，能否提供高质量、高标准的创新设计方案，至关重要的因素是设计师及其他项目利益相关者能够在整个设计过程中挖掘出贴合居住者实际体验的设计概念与方案，从而使项目投入使用后能够更好地满足用户对建筑的功能、审美与舒适要求。

传统的建筑设计工具使得各参与方在建筑设计早期参与的程度和发挥的作用受到限制，早期建筑设计具有抽象和模糊性，设计师在设计过程中不断学习和理解设计要求和任务书，各参与方和委托方也在尽量理解建筑设计师的设计方案。设计师和各参与方之间缺乏直接和高效率的交流。

相较二维图纸，BIM 模型具有三维可视化、语义丰富等优势。它通过多维数据集成、可视化建模、碰撞检测和协同工作等功能，显著提升了项目的效率和质量，有助于更好地管理和实施工程项目。以 IFC、BCF 为代表的标准、格式很大程度上改善了建筑设计周期内各方之间的交流和协作，为建筑全生命周期的不同阶段中提供了协同的机会。从设计到施工、运营和维护，这些开放式标准和格式支持数据的持续交换，确保项目信息的连续性和一致性。这对于建筑设计周期内的各方来说都是一个巨大的改进，有助于降低成本、提高效率，并减少项目延误。

虚拟现实、增强现实等技术为设计人员提供了新的观察和思考方式，改善了设计过程的可视化、交互性、远程协作和培训，有助于提高工程质量、降低成本，并推动建筑和工程行业的数字化转型。基于虚拟现实的草图设计、设计评审等方式拓宽了设计师与 BIM 交互的维度，设计师与其他利益相关者"走进"建筑，实现体验式设计。此外，VR、AR 也为跨地理位置的团队协作提供了新的可能性。设计师、工程师和其他项目利益相关者可以通过虚拟会议室或 AR 工具共享设计数据和模型，即使他们身处不同的地理位置。这种远程协作不仅提高了项目的效率，还降低了通信障碍，促进了更好的决策和团队协同。

近年来，人工智能应用席卷全球。AIGC 作为其中的佼佼者为人类社会的生产生活方式带来一场悄然的变革，成为人工智能革命一股不可或缺的力量。AIGC 可以帮助建筑师生成设计概念和构思。它可以分析建筑项目的参数、需求和限制，然后提供多种设计方案供建筑师选择。这有助于加速设计过程，同时提供创造性的灵感。未来随着模型精度的不断提高和训练数据越来越完善，生成的图像和 3D 模型会越来越精确，在建筑领域的智能化转型方面又多了一个可以运用的工具。

工程设计正处于一个充满潜力的技术革命时期，新技术正在不断涌现，将塑造未来建筑的面貌。数字化技术创新将成为主要的发展趋势，同时促使建设行业更好地适应不断变化的需求和可持续性目标。未来的工程设计将更具智能性、可持续性和创造性，以满足日益复杂的全球挑战。

## 本章小结

本章全面剖析了新技术如何驱动工程设计领域的革新与发展，通过详细介绍人工智能、大数据、物联网、区块链等新技术在工程设计中的应用，展现了这些技术如何重塑设计流程、提升设计效率和品质。通过学习本章内容，读者能够深刻理解新技术在工程设计中的重要性，掌握智能设计算法和数据驱动决策支持的基本原理，了解物联网技术在施工过程中的实时监测与反馈机制，以及区块链技术在保障数据安全性和透明度方面的独特优势。此外，本章还结合案例分析，对新技术驱动下的工程设计未来发展趋势进行了深入探讨，为读者把握行业脉搏、引领创新实践提供了有力支持。

## 思考题

1. 在工程设计领域，有哪些新技术？
2. 基于图像与基于三维激光点云的空间重构方式分别适用于哪些情况？
3. 基于虚拟现实的沉浸式设计有什么优势？
4. AIGC 技术中有哪些常见的人工智能模型，它们有哪些区别？
5. 设计案例推荐库的构建原则是什么？检索推荐算法有哪些？

# 参 考 文 献

[1] 徐卫国. 漫谈"参数化设计"——访清华大学建筑学院徐卫国教授[J]. 住区, 2012(5): 12-15.

[2] 尼尔·林奇, 徐卫国. 数字现实: 青年建筑师作品[Z]. 北京: 中国建筑工业出版社, 2010.

[3] 叶庆华, 曾定, 陈振端, 等. 植物生物学[M]. 厦门: 厦门大学出版社, 2001.

[4] 刘广发. 现代生命科学概论[M]. 北京: 科学出版社, 2008.

[5] Dorigo, Marco & Maniezzo, Vittorio & Colorni, Alberto. Ant System: Optimization by a colony of cooperating agents[J]. IEEE Trans Syst Man Cybernetics - Part B. IEEE transactions on systems, man, and cybernetics. Part B, Cybernetics: a publication of the IEEE Systems, Man, and Cybernetics Society. 26. 29-41. 10. 1109/3477. 484436. 1996.

[6] Tero A, Takagi S, Saigusa T, et al. Rules for biologically inspired adaptive network design[J]. Science, 2010, 327(5964): 439-442.

[7] 孙继涛, 张银萍. 三种群食饵系统的平稳振荡[J]. 生物数学学报, 1999(2): 145-148.

[8] Zhabotinsky, A. M. Periodic process of oxidizer production during the Belousov-Zhabotinsky reaction [J]. Biofizika, 1964, 9(3): 306-311.

[9] Prigogine, I. Introduction to Thermodynamics of Irreversible Processes[J]. Wiley, 1967.

[10] Philip Ball. Designing the Molecular World: Chemistry at the Frontier[M]. New Jersey: Princeton University Press, 1996.

[11] 周秋忠, 范玉青. MBD数字化设计制造技术[M]. 北京: 化学工业出版社, 2019.

[12] Eastman CAO. An Outline of the Building Description System. Research ReportNo. 50[J]. Architectural Drafting, 1974: 23.

[13] 丁烈云. 数字建造导论[M]. 北京: 中国建筑工业出版社, 2020.

[14] The National Building Information Modeling Standard (NBIMS)Committee. The National Building Information Model Standard Part1: Overview Principles and Methodologies[R]. 2007.

[15] 丁士昭, 马继伟, 陈建国. 工程项目信息化导论——工程项目信息化BLM理论与实践丛书[M]. 北京: 中国建筑工业出版社, 2005.

[16] E. C. 皮洛. 数学生态学[M]. 卢泽愚, 译. 北京: 科学出版社, 1988.

[17] M·贝尔热. 几何(第1卷)群的作用、仿射与射影空间[M]. 周克希, 译. 北京: 科学出版社, 1987.

[18] 陈兰荪, 宋新宇, 陆征一. 数学生态学模型与研究方法[M]. 成都: 四川科学技术出版社, 2003.

[19] 陈龙潭. 复杂科学观点下的战略性思维建构: 基于三个自动生成过程模式之诠释[D]. 上海: 复旦大学, 2004.

[20] 陈品键. 动物生物学[M]. 北京: 科学出版社, 2001.

[21] 成思危. 复杂科学与系统工程[J]. 管理科学学报, 1999: 1-7.

[22] 邓林红, 陈诚. 细胞骨架的普遍性动力学行为[J]. 医用生物力学, 2011(26): 193-200.

[23] 方舟子. 寻找生命的逻辑——生物学观念的发展[M]. 上海: 上海交通大学出版社, 2005.

[24] 冯江, 高玮, 盛连喜. 动物生态学[M]. 北京: 科学出版社, 2005.

[25] 弗里德里·希克拉默. 混沌与秩序——生物系统的复杂结构[M]. 柯志阳, 吴彤, 译. 上海: 上海科技教育出版社, 2000.

[26] 高福聚. 空间结构仿生工程学的研究[D]. 天津: 天津大学, 2002.

[27] 戈峰. 现代生态学[M]. 北京：科学出版社，2008.

[28] 桂建芳，易梅生. 发育生物学[M]. 北京：科学出版社，2002.

[29] 贺兴平. 基于元胞自动机的复杂生物系统演化模型研究[D]. 武汉：武汉理工大学，2009.

[30] 何炯德. 新仿生建筑：人造生命时代的新建筑领域[M]. 北京：中国建筑工业出版社，2009.

[31] 胡泗才，王立屏. 动物生物学[M]. 北京：化学工业出版社，2010.

[32] 侯宁，何继新，朱学群，等. 复杂科学在生态系统研究中的应用[J]. 生态经济，2009：142-150.

[33] 黄学林. 植物发育生物学[M]. 北京：科学出版社，2012.

[34] 姬厚元. 论生物进化的新机制：自然诱导——生物自组织[J]. 科协论坛（下半月），2011（10）：73-74.

[35] 冷天翔. 基于分形理论的建筑形态生成[D]. 广州：华南理工大学，2011.

[36] 刘次全，白春礼，张静. 结构分子生物学[M]. 北京：高等教育出版社，1997.

[37] 刘广发. 现代生命科学概论[M]. 北京：科学出版社，2008.

[38] 刘穆. 种子植物形态解剖学导论[M]. 北京：科学出版社，2010.

[39] 鲁道夫·阿恩海姆. 视学思维[M]. 滕守尧，译. 成都：四川人民出版社，1998.

[40] 罗杰·彭罗斯. 皇帝新脑[M]. 许明贤，吴忠超，译. 长沙：湖南科学技术出版社，2007.

[41] 吕从娜，闫启文. 仿生建筑的类型及未来发展趋势[J]. 美术大观，2007（10）：80-81.

[42] 马庆生. 生物学大辞典[M]. 南宁：广西科学技术出版社，1999.

[43] 尼尔·林奇，徐卫国. 快进＞＞，热点，智囊组[Z]. 香港：Map Book Publishers，2004.

[44] 尼尔·林奇，徐卫国. 涌现：青年建筑师作品[Z]. 北京：中国建筑工业出版社，2006.

[45] 尼尔·林奇，徐卫国. 涌现：学生建筑设计作品[Z]. 北京：中国建筑工业出版社，2006.

[46] 尼尔·林奇，徐卫国. 数字建构：青年建筑师作品[Z]. 北京：中国建筑工业出版社，2008.

[47] 尼尔·林奇，徐卫国. 数字建构：学生建筑设计作品[Z]. 北京：中国建筑工业出版社，2008.

[48] 尼尔·林奇，徐卫国. 数字现实：青年建筑师作品[Z]. 北京：中国建筑工业出版社，2010.

[49] 尼尔·林奇，徐卫国. 数字现实：学生建筑设计作品[Z]. 北京：中国建筑工业出版社，2010.

[50] 尼尔·林奇，徐卫国. 设计智能 高级计算性建筑生形研究 学生建筑设计作品[Z]. 北京：中国建筑工业出版社，2013.

[51] 仇保兴. 复杂科学与城市规划变革[J]. 城市规划，2009，33（4）：11-26.

[52] 仇保兴. 复杂科学与城市转型[J]. 城市发展研究，2012，19（1）：1-18.

[53] 瑞里，克莱因. 数码设计[J]. Surface，2009（12）：98.

[54] 赛道建. 普通动物学[M]. 北京：科学出版社，2008.

[55] 史晓君. 基于蜻蜓翅膀的温室结构仿生设计研究[D]. 长春：吉林大学，2012.

[56] 沈源. 整体系统：建筑空间形式的几何学构成规则[D]. 天津：天津大学，2010.

[57] 孙久荣，戴振东. 动物行为仿生学[M]. 北京：科学出版社，2013.

[58] 汤姆·齐格弗里德. 纳什均衡与博弈论：纳什博弈论及对自然法则的研究[M]. 洪雷，陈玮，彭工，译. 北京：化学工业出版社，2011.

[59] 王嘉亮. 生·动态·可持续[D]. 天津：天津大学，2011.

[60] 王寿云. 开放的复杂巨系统[M]. 杭州：浙江科学技术出版社，1996.

[61] 王元秀. 普通生物学[M]. 北京：化学工业出版社，2010.

[62] 汪富泉，李后强. 分形——大自然的艺术构造[M]. 济南：山东教育出版社，1993.

[63] 汪富泉，李后强. 分形几何与动力系统[M]. 哈尔滨：黑龙江教育出版社，1993.

[64] 王凯基，倪德祥. 植物生物学词典[M]. 上海：上海科技教育出版社，1998.

[65] 翁羽翔. 美丽是可以表述的——描述花卉形态的数理方程[J]. 物理，2005（4）：254-261.

[66] 吴志松. 植物叶序现象背后的数学规律[J]. 科技创新导报，2010（26）：210.

［67］ 休·奥尔德西·威廉斯 . 当代仿生建筑［M］. 卢昀伟等，译 . 大连：大连理工大学出版社，2004.

［68］ 徐汉卿 . 植物学［M］. 北京：中国农业出版社，1995.

［69］ 徐卫国 . 非线性体：表现复杂性［J］. 世界建筑，2006(12)：118-121.

［70］ 杨世杰 . 植物生物学［M］. 北京：科学出版社，2002.

［71］ 杨文修 . 生物物理学研究的一些前沿问题［J］. 天津理工学院学报，2004(4)：6-9.

［72］ 姚敦义，张慧娟，王静之 . 植物形态发生学［M］. 北京：高等教育出版社，1994.

［73］ 约翰·霍兰 . 涌现：从混沌到有序［M］. 陈禹，译 . 上海：上海科学技术出版社，2006.

［74］ 张向宁 . 当代复杂性建筑形态设计研究［D］. 哈尔滨：哈尔滨工业大学，2010.

［75］ 翟炳博，徐卫国，黄蔚欣 . 基于脑纹珊瑚结构的景观系统研究——以颐和园外团城湖片区景观规划为例［J］. 城市建筑，2013(19)：46-49.

［76］ 朱澂 . 植物个体发育［M］. 北京：科学出版社，1984.

［77］ 朱念德 . 植物学(形态解剖部分)［M］. 中山：中山大学出版社，2000.

［78］ 周干峙 . 城市发展和复杂科学［J］. 规划师，2003(S1)：4-5.

［79］ 左仰贤 . 动物生物学教程［M］. 北京：高等教育出版社，2010.

［80］ Luo X, Lei S, Yu CW & Gu Z. Thermal performance of a novel heating bed system integrated with a stack effect tunnel［J］. Indoor and Built Environment，2020，29(9)：1316-1328.

［81］ Su J, Li J, Luo X, Yu CW, Gu Z. Experimental evaluation of a capillary heating bed driven by an air source heat pump and solar energy［J］. Indoor and Built Environment，2020，29(10)：1399-1411.

［82］ Yu K, Bai L, Zhang T & Tan Y. Improving the thermal performance of the traditional Chinese Kang system by employing smoldering combustion and mechanical ventilation：An experimental study［J］. Energy and Buildings，2022，256：111736.

［83］ Yu K, Tan Y, Zhang T, Zhang J & Wang X. The traditional Chinese Kang and its improvement：A review［J］. Energy and Buildings，2020，218：110051.

［84］ Bian M. Numerical simulation research on heat transfer characteristics of a Chinese Kang［J］. Case Studies in Thermal Engineering，2021，25：100922.

［85］ Li G, Bi X, Feng G, Chi L, Zheng X & Liu X. Phase change material Chinese Kang：Design and experimental performance study［J］. Renewable Energy，2020，150：821-830.

［86］ Wang X, Tan Y, Zhang T, Lu X & Yu K. Experimental and numerical research on the performance of an energy-saving elevated Kang in rural buildings of northeast China［J］. Energy and Buildings，2018，177：47-63.

［87］ Gao X, Liu J, Hu R, Akashi Y & Sumiyoshi, D. A simplified model for dynamic analysis of the indoor thermal environment of rooms with a Chinese Kang［J］. Building and Environment，2017，111：265-278.

［88］ Yang M, Yang X, Wang P, Shan M & Deng J. A new Chinese solar Kang and its dynamic heat transfer model［J］. Energy and Buildings，2013，62：539-549.

［89］ Zhuang Z, Li Y, Chen B & Guo J. Chinese Kang as a domestic heating system in rural northern China—A review［J］. Energy and Buildings，2009，41(1)：111-119.

［90］ Yang X, Wu J, Wu Y & Xue Q. A new Chinese Kang with forced convection：System design and thermal performance measurements［J］. Energy and Buildings，2014，85：410-415.

［91］ Cao G, Jokisalo J, Feng G, Duanmu L, Vuolle M & Kurnitski J. Simulation of the heating performance of the Kang system in one Chinese detached house using biomass［J］. Energy and Buildings，2011，43(1)：189-199.

［92］ Li A，Gao X & Yang L. Field measurements，assessments and improvement of Kang：Case study in rural northwest China［J］. Energy and Buildings，2016，111：497-506.

［93］ Li T，Wang Z，Mao Q，Li G，Wang D & Liu Y. Simulation and optimization of the key parameters of combined floor and Kang heating terminal based on differentiated thermal demands［J］. Energy and Buildings，2022，254：111624.

［94］ Shurui Y，Nianxiong L，Mengmeng C，Yiming L & Shuyan H. The thermal effect of the tandem Kang model for rural houses in Northern China：a case study in Tangshan［J］. Journal of Asian Architecture and Building Engineering，2022，21，2：187-196.

［95］ Hua Q，Yuguo L，Xiaosong Z & Jiaping L. Surface Temperature Distribution of Chinese Kangs［J］. International Journal of Green Energy，2010，7，3：347-360.

［96］ Zhi Z，Yuguo L，Duanmu L，Bin C & Hua Q. Experimental Assessment on Heat Transfer and Smoke Flow Characteristics of a Typical Elevated Chinese Kang［J］. International Journal of Green Energy，2010，12，11：1178-1188.

［97］ Zhuang Z，Li Y，Yang X，et al. Thermal and energy analysis of a Chinese Kang. Front［J］. Energy Power Eng. China ，2010，4：84-92 .

［98］ Duanmu L，Yuan P，Wang Z，et al. Heat transfer model of hot-wall Kang based on the non-uniform Kang surface temperature in Chinese rural residences［J］. Build. Simul，2017，10：145-163.

［99］ Li Y，Zhuang Z & Liu J. Chinese Kangs and building energy consumption［J］. Chin. Sci. Bull. 2009，54：992-1002.

［100］ LIN J，GUO J. BIM-based automatic compliance checking［J/OL］. Qinghua Daxue Xuebao/Journal of Tsinghua University，2020，60(10)：873-879.

［101］ EASTMAN C，LEE J M，JEONG Y，et al. Automatic rule-based checking of building designs ［J］. Automation in Construction，2009，18(8)：1011-1033.

［102］ 胡海盟 . 建筑工程质量验收规范知识建模与抽取研究［D］. 武汉：华中科技大学，2014.

［103］ 邓志鸿，唐世渭，张铭，等 . Ontology 研究综述［J］. 北京大学学报（自然科学版），2002，38(5)：730-738.

［104］ Neches R. EnablingTechnology for Knowledge Sharing［J］. Ai Magazine，1991，12(3)：36-56.

［105］ Borst W N. Construction of Engineering Ontologies for Knowledge Sharing and Reuse［J］. Universiteit Twente，1997，18(1)：44-57.

［106］ Gruber T R. Toward principles for the design of ontologies used for knowledge sharing？［J］. International Journal of Human-Computer Studies，1995，43(5-6)：907-928.

［107］ Studer R，Benjamins V R，Fensel D. Knowledge engineering：principles and methods［J］. Data & Knowledge Engineering，1998，25(1-2)：161-197.

［108］ Boukamp F. Modeling of and reasoning about construction specifications to support automated defect detection［D］. Pittsburgh：Carnegie Mellon University，2006.

［109］ Pauwels P，Terkaj W. ifcOWL ontology (IFC4 _ ADD2)［EB/OL］. (2016-12-30)［2018-03-01］.

［110］ 李旭 . 建筑领域本体构建及其案例推理研究［D］. 哈尔滨：东北林业大学，2016.

［111］ BuildingSMART. Industry Foundation Classes Version 4 - Addendum 2［EB/OL］. (2016-07-15)［2018-03-01］.

［112］ OmniClass 编制委员会 . OmniClassTM A Strategy for Classifying the Built Environment［EB/OL］. (2013-08-25)［2018-03-01］.

［113］ Gómez-Pérez A. Towards a framework to verify knowledge sharing technology［J］. Expert Systems with Applications，1996，11(4)：519-529.

[114] El-Diraby T A，Lima C，Feis B. Domain Taxonomy for Construction Concepts：Toward a Formal Ontology for Construction Knowledge[J]．Journal of Computing in Civil Engineering，2005，19(4)：394-406.

[115] Solihin W，Eastman C. Classification of rules for automated BIM rule checking development[J]. Automation in Construction，2015，53：69-82.

[116] 中华人民共和国住房和城乡建设部．住宅设计规范：GB 50096—2011[S]．北京：中国建筑工业出版社，2011.

[117] 中华人民共和国住房和城乡建设部．建筑设计防火规范：GB 50016—2014[S]．北京：中国建筑工业出版社，2014.

[118] 赵涛，张太红．农业搜索引擎中文分词工具对比[J]．计算机系统应用，2016，25(4)：226-231.

[119] 佟强．数据库支持的 RDF(S)构建与存储方法研究[D]．沈阳：东北大学，2015.

[120] Tamer El-Diraby，Thomas Krijnen，Manos Papagelis. BIM-based collaborative design and socio-technical analytics of green buildings[J]．Automation in Construction，2017，82.

[121] Jinsong Tu，Ruixia Li，Zhu Bian. Research on Collaborative Mechanism of design and construction based on BIM technology and application of typical cases[J]．IOP Conference Series：Materials Science and Engineering，2018，392(6).

[122] LeiChao. Application Status of BIM Collaborative Design in Architecture Major[J]．Frontiers Research of Architecture and Engineering，2017，1(3).

[123] Gareth Edwards，Haijiang Li，Bin Wang. BIM based collaborative and interactive design process using computer game engine for general end-users[J]．Visualization in Engineering，2015，3(1).

[124] 王巧雯，张加万，牛志斌．基于建筑信息模型的建筑多专业协同设计流程分析[J]．同济大学学报(自然科学版)，2018，46(8)：1155-1160.

[125] 沈玲玲．基于协同模式的建筑设计管理平台的研究和实现[D]．上海：上海交通大学，2020.

[126] 殷洁．建筑设计协同平台研究设计[D]．上海：上海交通大学，2015.

[127] 李芳，魏武，訾冬毅．基于 BIM 的三维协同设计管理平台研究[J]．工程建设与设计，2021(11)：115-118.

[128] 中华人民共和国住房和城乡建设部．建筑信息模型应用统一标准：GB/T 51212—2016[S]．北京：中国建筑工业出版社，2016.

[129] 中华人民共和国住房和城乡建设部．建筑信息模型设计交付标准：GB/T 51301—2018[S]．北京：中国建筑工业出版社，2018.

[130] 史海欧，袁泉，张耘琳，等．基于 BIM 交互与数据驱动的多专业正向协同设计技术[J]．西南交通大学学报，2021，56(1)：176-181.

[131] Charles Jencks．Nonlinear Architecture——New Science＝New Architecture？[J]．Architectural Design，1997(7).

[132] 徐卫国．非线性建筑设计[J]．建筑学报，2005(12)：32.

[133] Kas Oosterhuis．HYPERBODY 2011-2012. Faculty of Architecture[D]．Delft：Delft University of Technology，2012：11.

[134] 毛英泰．误差理论与精度分析[M]．北京：国防工业出版社，1982.

[135] 韩慧卿．建筑的精致与精度[J]．新建筑，2009(5)：88-90.

[136] 徐耀信．机械加工工艺及现代制造技术[M]．成都：西南交通大学出版社，2005.

[137] 陈泳全．建筑的精度[J]．建筑师，2011(1)：39-44.

[138] 孙晓峰，魏力恺，季宏．从 CAAD 沿革看 BIM 与参数化设计[J]．建筑学报，2014(8)：41-45.

[139] 詹姆斯·斯蒂尔．当代建筑与计算机——数字设计革命中的互动[M]．徐怡涛，唐春燕，译．北

京：中国水利水电出版社/中国知识产权出版社，2004.

[140]　Greg Lynn. Animate Form[M]. Princeton：Princeton Architectural Press，1999.

[141]　Branko Kolarevic. Architecture in the digital age design and manufacturing[M]. London：Spon Press，2003.

[142]　帕特里克·舒马赫. 作为建筑风格的参数化主义——参数化主义者的宣言[J]. 世界建筑，2009 (8)：18.

[143]　徐卫国. 有厚度的结构表皮[J]. 建筑学报，2014(8)：1-5.

[144]　史晨鸣. 在毕尔巴鄂之前——自由形体风潮的经济与技术动力[J]. 建筑师，2006 (8)：85-90.

[145]　Gloria Gerace，Garrett White. Symphony：Frank Gehry's Walt Disney Concert Hall[M]. New York：Five Ties 3Publishing Inc，2009.

[146]　芭芭拉·伊森伯格. 建筑家弗兰克·盖里[M]. 苏封雅，译. 北京：中信出版社，2013.

[147]　徐卫国. 数字建构[J]. 建筑学报，2009(1)：61-68.

[148]　徐卫国. 参数化设计和算法生形[J]. 世界建筑，2011(6)：110-111.

[149]　徐卫国. 数字图解[J]. 时代建筑，2012(5)：56-59.

[150]　李飚. 建筑生成设计——基于复杂系统的建筑设计计算机生成方法研究[M]. 南京：东南大学出版社，2012.

[151]　高峰. 当代西方建筑形态数字化设计的方法与策略研究[D]. 天津：天津大学，2007.

[152]　冷天翔. 复杂性理论视角下的建筑数字化设计[D]. 广州：华南理工大学，2011.

[153]　王文栋. 参数化设计的研究与探索[D]. 北京：中央美术学院，2012.

[154]　尹志伟. 非线性建筑的参数化设计及其建造研究[D]. 北京：清华大学，2009.

[155]　李偲德. 数字技术语境下本土建筑设计结合建造研究[D]. 大连：大连理工大学，2013.

[156]　王征. 结构技术影响下的当代建筑形态创新研究[D]. 哈尔滨：哈尔滨工业大学，2013.

[157]　赵曦. 在建筑技术变革影响下新型建筑形态的形成和演变[D]. 西安：西安建筑科技大学，2011.

[158]　王风涛. 基于高级几何学复杂建筑形体的生成及建造研究[D]. 北京：清华大学，2012.

[159]　李兴钢. 第一见证："鸟巢"的诞生、理念、技术和时代决定性[D]. 天津：天津大学，2011.

[160]　李鸽. 弗兰克·盖里的建筑形态语言创作研究[D]. 哈尔滨：哈尔滨工业大学，2006.

[161]　朱莹. 诺曼·福斯特建筑创作的技术理念研究[D]. 哈尔滨：哈尔滨工业大学，2012.

[162]　麦飞龙. 异形建筑幕墙工程的分析模型与应用研究[D]. 上海：上海交通大学，2013.

[163]　曹贵进. 异形超高层建筑关键施工工艺研究[D]. 杭州：浙江大学，2013.

[164]　陈泳全. 建造过程中人的因素[D]. 北京：清华大学，2012.

[165]　国萃. 论工艺技术对建筑品质的作用[D]. 北京：清华大学，2012.

[166]　朱宁. "造屋"与"造物"：制造业视野下的建造过程研究[D]. 北京：清华大学，2013.

[167]　吴吉明. 建筑信息模型系统 BIM 的本土化策略研究[D]. 北京：清华大学，2011.

[168]　王钊. BIM 在非线性建筑设计中的应用研究[D]. 北京：北京建筑大学，2013.

[169]　张志远. 天津邮轮码头客运大厦 GRC 制作与安装工程质量管理[D]. 长春：吉林大学，2013.

[170]　李犁. 基于 BIM 技术建筑协同平台的初步研究[D]. 上海：上海交通大学，2012.

[171]　郑聪. 基于 BIM 的建筑集成化设计研究[D]. 长沙：中南大学，2012.

[172]　方婉蓉. 基于 BIM 技术的建筑结构协同设计研究[D]. 武汉：武汉科技大学，2013.

[173]　柳娟花. 基于 BIM 的虚拟施工技术应用研究[D]. 西安：西安建筑科技大学，2012.

[174]　卢洪斌. BIM 在建筑工程管理中的应用[D]. 大连：大连理工大学，2014.

[175]　李勇. 建筑施工企业 BIM 应用影响因素的研究[D]. 武汉：武汉科技大学，2015.

[176]　娄喆. 基于 BIM 技术的建筑成本预算软件系统模型研究[D]. 北京：清华大学，2009.

［177］ 刘安申. 基于 BIM-5D 技术的施工总承包合同管理研究［D］. 哈尔滨：哈尔滨工业大学，2014.

［178］ 段玉娟. 基于 BIM 信息集成平台的施工总承包成本动态控制［D］. 西安：长安大学，2013.

［179］ 杜伸云，梁昊. 无人机倾斜摄影实景建模技术在施工中的应用［J］. 土木建筑工程信息技术，2018，10（2）：72-77.

［180］ Nguyen Tien Thanh，刘修国，王红平，于明旭，周文浩. 基于激光扫描技术的三维模型重建［J］. 激光与光电子学进展，2011，48（8）：112-117.

［181］ 程斌，杨勇，徐崇斌，等. 基于 NeRF 的文物建筑数字化重建［J］. 航天返回与遥感，2023，44（1）：40-49.

［182］ 张占龙，罗辞勇，何为. 虚拟现实技术概述［J］. 计算机仿真，2005（3）：1-3＋7.

［183］ 曹晗. 基于虚拟现实技术的体素化建筑草图设计系统研究［D］. 武汉：华中科技大学，2022.

［184］ 刘基荣. 建筑师的新"利器"［D］. 南京：东南大学，2004.

［185］ Ewa Lach，Iwona Benek，Krzysztof Zalewski，Przemyslaw Skurowski，Agata Kocur，Aleksandra Kotula，et al. Immersive Virtual Reality for Assisting in Inclusive Architectural Design［J］. In：International Conference on Man-Machine Interactions. Cracow，Poland，October 2-3，2019，Springer，Cham，2019：23-33.

［186］ 张凤军，戴国忠，彭晓兰. 虚拟现实的人机交互综述［J］. 中国科学：信息科学，2016，46（12）：1711-1736.

［187］ 黄夔枫，周毅荣. AIGC 技术下的建筑生成设计方法初探——以 Prompt 关键词生成建筑意象的整体设计过程为例［J］. 城市建筑，2023，20（15）：202-206＋213.

［188］ 孟洁. 基于案例推理的建筑方案设计流程研究［D］. 哈尔滨：哈尔滨工业大学，2015.

［189］ 程惊宇. 日常性的影像数据库及其对建筑设计方法的启示［D］. 南京：南京大学，2020.

［190］ Chen W，Yuan J，Luo H. Design and Development of Heritage Building Information Model (HBIM) Database to Support Maintenance［J］. paper presented at the 29th EG-ICE International Workshop on Intelligent Computing in Engineering，(pp. 359-367)，Aarhus University，Denmark.

［191］ 罗忠良，王克运，康仁科，等. 基于案例推理系统中案例检索算法的探索［J］. 计算机工程与应用，2005（25）：230-232.

［192］ Simonyan K，Zisserman A. Very Deep Convolutional Networks for Large-Scale Image Recognition［J］. Computer Science，2014.

［193］ Blondel V. D，Guillaume J. L，Lambiotte R，et al. Fast unfolding of community hierarchies in large networks［J］. J Stat Mech，2008，abs/0803.0476.